人类密码

虚幻的科技传奇
XU HUAN DE KE JI CHUAN QI

钱佳欣 / 编 著

中国大百科全书出版社

图书在版编目（CIP）数据

虚幻的科技传奇 / 钱佳欣编著. —北京：中国大百科全书出版社，2016.1
（探索发现之门）
ISBN 978-7-5000-9816-4

Ⅰ.①虚… Ⅱ.①钱… Ⅲ.①科学知识 – 青少年读物 Ⅳ.①Z228.2

中国版本图书馆CIP数据核字（2016）第 024479 号

责任编辑：韩小群
封面设计：大华文苑

出版发行：中国大百科全书出版社
（地址：北京阜成门北大街 17 号　邮政编码：100037　电话：010-88390718）
网址：http://www.ecph.com.cn
印刷：青岛乐喜力科技发展有限公司
开本：710 毫米 × 1000 毫米　1/16　印张：13　字数：200 千字
2016 年 1 月第 1 版　2019 年 1 月第 2 次印刷
书号：ISBN 978-7-5000-9816-4
定价：52.00 元

前 言
PREFACE

    人类是地球上最具智慧的生命。我们要认清整个自然世界，因为自然是我们生存的摇篮；而我们更应认清自己，因为人类是地球的主人，是万物之灵，是自然发展的生物的高级阶段。

    生命现象是我们最关心的，因为它是关乎人类能否生存的问题。千百年来，人们总是在问我们从哪儿来、怎样发展等问题。作为人类，如果我们不能解释清楚自身的起源与存在，那么就会永远处于混沌的蒙昧状态之中，就无法看清我们的生存与发展之路，当然也就谈不上真正意义上的生存质量与生命质量。

    我们身体的各种组织和器官组成了人体，每一种组织、每一个器官都有不同的功能，其中还蕴藏着许多奥秘。但我们对自身的认识还远远不

够，还不能很透彻地认识自己，还存在许多难以破解的人体神秘现象。从认识人体自身开始，才能真正地认识人类和人类社会。

人类创造了悠久、灿烂的社会历史，时间长河将其许多华章慢慢湮没，斑驳的历史也给我们留下了许多未解之谜，特别是史前世界、玛雅文明、克里特文明、迈锡尼文明、苏美尔文明等的消失。这些问题的答案会给予我们很大的启示，使我们得以永续发展。

科技是人类社会前进的动力。科技的进步是循序渐进的、有一定的规律性。而已被发现的许多史前科技却大大超越了当时的生产力水平，就连现代科技也难以解释。是什么魔力使得史前科技如此高度发达呢？如果能破译史前科技之谜，寻找到神秘的创造力量，也许人类社会就能向更高的层次迈进。

人类社会创造了辉煌发达的物质文明，一处处的宝藏就是人类社会物质文明的库房，也是人类辛勤汗水的堆积。几千年的历史沙尘，封存了多少巨大宝藏呢？它们又被埋藏在什么地方呢？掌握宝藏的羊皮卷，叩开宝藏的芝麻门，这是很多人的梦想。发现宝藏，保护宝藏，让它造福于人类社会，这是我们的责任，也是我们的义务。

总之，人类社会的丰富多彩与无穷魅力就在于那许许多多的难解之谜，它吸引人们密切关注和不断探寻。我们总是不断地试着去认识它、探索它。虽然今天的科学技术发展日新月异，达到了很高的程度，但对于人类无穷的奥秘还是难以圆满解答。古今中外，许许多多的科学先驱不断奋斗，推进了科学技术的大发展，一个个奥秘不断被解开，但又发现了许多新的奥秘，又不得不向新的课题发起挑战。科学技术不断向前发展，人类探索的脚步永不止息，解决旧问题、探索新领域就是人类文明一步一步发展的足迹。

为了激励广大读者认识和探索人类社会的奥妙，普及科学知识，我们根据中外的最新研究成果，编写了本套丛书。本丛书主要包括生命密码、人体生理、史前文明、史前科技等内容，具有很强的系统性、科学性、前沿性和新奇性。

本套丛书知识全面、内容精练、语言简洁、通俗易懂、图文并茂，非常适合读者阅读和收藏。丛书的编写宗旨是使广大读者在趣味盎然地了解人类的神秘现象的同时，能够加深思考、启迪智慧、开阔视野、增长知识，正确了解和认识人类的奥秘，激发求知欲和探索精神，激起热爱科学和追求科学的热情，不断创造新的人类文明，推动人类历史向前发展。

Contents 目录

史前科技发现

Liang Qian Nian
Qian De
Hua Xue Dian Chi

两千年前的化学电池

远古科技名片

名称：化学电池

类别：远古化学、电学

证据：发现陶器、钢管和铁棒组成的电池

时间：公元前3世纪

地点：巴格达城郊

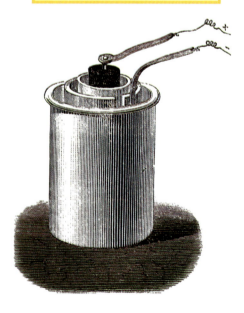

巴格达电池的发现

1936年6月，伊拉克考古学家在巴格达城郊发现大量公元前248年至前226年波斯王朝时代的器物，其中包括一些奇怪的陶制器皿、锈蚀的铜管和铁棒。

当时任伊拉克博物馆馆长的德国考古学家威廉·卡维尼格描述说："陶制器皿类似花瓶，高约0.15米，白色中夹杂一点淡黄色，边沿已经破碎，瓶里装满了沥青。沥青之中有个铜管，铜管顶端有一层沥青绝缘体。在铜管中又有一层沥青并有一根锈迹斑斑的铁棒，铁棒由一层灰色偏黄的物质覆盖着，看上去好像一层铅。铁棒的下端长出铜管底座3厘米，使铁棒与铜管隔开。看上去好像是一组化学仪器。"

经鉴定，他宣布了一个惊人的消息："在巴格达出土的陶制器皿、铜管和铁棒是一个古代化学电池，只要加上酸溶液或碱溶液，就可以发出电来。"这就意味着，早在公元前3世纪，居住在该地区的人就已开始使用电池，比18世纪由世界著名物理学家伏特发明的第一个电池还早2000多年。

后来，卡维尼格用陶制器皿、铁棒、沥青绝缘体和铜管组成了10个电池。几个月后，他在柏林公布了更为惊人的消息："古代人很可能是把这些电池串联起来，用以加强电力。制造这种电池的目的在于用电解法给塑像和饰物镀金。"

伽伐尼电池的发现

1938年，德国考古学家威廉·柯尼希在巴格达城郊进行考古挖掘时，发现了远古时代的一组伽伐尼电池。在距今2000年以前，人们是如何制造出这组电池的呢？

柯尼希发现的这组伽伐尼电池是铜外壳、铜芯。它的外壳是借助铝和锡固定好的，这两种材料的比例，现代人还在广泛采用。这一令人惊讶的远古发明物，同卡维尼格的巴格达电池是否可以用于镀金？时至今日，卡维尼格的观点仍未得到考古学界的普遍认可，但我们认为在巴格达出土的这两种姊妹电池在远古确实存在。

古人是否已经使用电池

德国考古学专家阿伦·艾杰尔布里希特仿照巴格达电池制作了一些陶瓶、铜管和铁棒，从新鲜葡萄里榨出汁液，然后倒入铜管内。奇迹出现了，与电池相连的电压表指针移动起来，显示有半伏特的电伏。他有一个公元前5世纪的古埃及银像，银像外面镀着一层又薄又软的金箔。他认

上图：远古时代，人们利用陶制品、铜管和铁棒制作发电装置。

为这样的镀金用粘贴或镶嵌是办不到的，而他仿制的巴格达电池既然能够发电，是否还可以说明古人确实已使用类似巴格达电池的工具用电解法给雕像镀金呢？为了找到答案，他又用雕像做镀金试验。他将一个小雕像悬挂着浸没在金溶液里，然后用仿制的巴格达电池通电，两个多小时后，一个镀金像便出现在他的眼前。经过反复试验，最后他宣称，他已经证实了卡维尼格的论断。美国的科学家也模仿巴格达电地进行了一系列的试验。他们也成功地从电池中获得了半伏特电压，而且持续工作18天之久。试验中他们使用了多种溶液，其中有葡萄糖、硫酸铜、亚硫酸和浓度5％的醋等，而这些溶液早已为古人所使用。参加试验的科学家一致认为在巴格达附近发现的陶制器皿、铁棒和铜管除了用于制作化学电池外，别无他用。

科学家的研究

伦敦科学博物馆的物理学家沃尔特·温顿听到有关此次发现的报告后，对这只陶罐做了仔细的研究，并产生了很深的印象。他说："在铜制容器内放上一些酸，随便什么，醋也可以。转眼的工夫，你就有了一个能

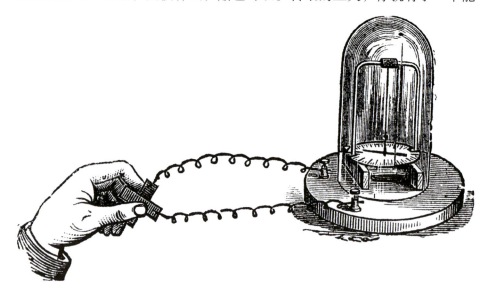

产生电压并释放电流的简单腔体。将几个这类腔体串联起来，便构成一个电池组，所发出的电流足以使电铃发声，点亮灯泡，或驱动一辆小型电动车。"

温顿指出，这件物品确实是电池，这是"显而易见和完全可信的"。他的唯一疑问来自于它的独特性质。考古学上的"一次性事物"始终是最难解释的发现。其实，此前在巴格达附近的安息古城泰西封已经发现了其他陶罐，只是温顿并不知晓罢了。那些陶罐是与护身符等多种神秘物品一起发现的。这种情况表明，炼金术士曾使用过这些陶罐，但我们仍然找不到它们作为何用途的线索。

温顿说，最理想的是这只陶罐应同金属线一道被发现，能找到一系列此类陶罐，才是比较好的事情，因为有了它们，疑点便会烟消云散。然而，正如温顿于1967年所指出的，如果不是电池，它又会是什么东西？"我不是考古学家，所以我直接提出了最容易提出的科学答案。我看不出它还能有什么别的用途，也许有更好的答案，但至今我还没有听到。"

很多年过后，还是无人为这只神秘的陶罐提出真实可信的其他解释。而首要的事实仍然是：它作为一个电池工作得相当出色。美国进行过两项独立的实验，对陶罐及其内装物质的复制品做了测试。把醋酸、硫酸或柠檬酸当作电解质，注入铜管，模型便产生电压为1.5伏的电流，18天后电流才消失。

古人使用电池做什么

科罗拉多大学的保罗·凯泽指出，这些电池的使用者是巴比伦的医生，在没有电鳐鱼时，他们把它作为替代品使用，从而能起到局部麻醉的作用。但是，在各种意见中，仍以伊拉克博物馆实验室主任、德意志考古

学家威廉·柯尼希所做的解释最有说服力。柯尼希曾于1938年仔细研究过巴格达电池，他认为，将若干个这类腔体串联起来，从里面发出的电流可用来电镀金属。实验用复制品所产生的电压能够满足这项工作的需要。事实上，为了给铜首饰包银，伊拉克的工匠们仍然在使用一种原始的电镀方法。这种技术可能是从安息时期或者更早的时候起一代代传下来的。3000余年以前，安息人便继承了近东地区的科研传统和公元前330年随亚历山大大帝入侵此地的希腊人的聪明才智。

我们可能永远也搞不清古代的电学实验究竟做到了何种程度。古代伊拉克的工匠们对他们的技术知识加强防范，秘不外传。巴比伦泥板上确实列出了制作彩色玻璃的配方，但配方中往往夹杂着行话，只有行家才能看出其中的门道。

电镀的秘诀肯定是秘不外传的宝贵财富，或许从未以简洁易懂的形式见诸文字。好在伊拉克还有数百个坟冢未曾发掘，博物馆中也有数千块泥板，泥板上涉及科学的文字在等人翻译。或许最保险的说法是，古人所掌握的电学知识，其涵盖范围之广可能还会给人们带来种种惊喜。关于古代电源的谜案后来又有了新的发现和进展。

1936年，在修建伊拉克首都巴格达城近郊格加特·拉布阿村的铁路时，偶然间又发掘出了一座由巨大石板砌成的古墓，墓内有一具石棺。当考古学家打开石棺后，找出了大量2000多年前的石器，这些古物都是公元前247年至公元前226年时期的。

当时担任伊拉克博物馆馆长的德国考古学家瓦利哈拉姆·卡维尼格，记述了石棺内的一件陶制器皿：这件古物类似花瓶，高0.15米，白色中夹杂一点淡黄色，边沿已破碎，上端为口状，瓶里装满了沥青，沥青中有一铜管，直径0.026米、高0.09米，铜管顶端又有一层沥青，并有一根锈迹斑斑的铁棒。铁棒高出沥青绝缘体0.01米，由一层灰色偏黄的物质覆盖。看上去像一组化学仪器。

巴格达电池留给我们的谜

埃及考古学家在埃及金字塔内发现一些远古时代的壁画，很明显，埃及古代雕刻家当时是在金字塔里雕刻此壁画的，洞穴漆黑，需要光才能做此精细的工作。但是，考古学家们却未在洞穴里发现任何火的痕迹，因为即使使用当时最好的火把或油灯，也会留下痕迹。这是否意味着那时他们使用的是一种电池灯？此推断也有一些根据，因这在附近的一个壁洞中还雕刻着另一幅壁画，画面很像巴格达电池和一盏电灯。

迄今为止，巴格达电池仍未被世界考古界承认。因此，它仍然属于科学之谜，不断吸引着世界考古学家、电气学家和化学学家们著书立说，进行科学辩论。我们相信，随着人类对科学的不断探索，这个重大的科学之谜一定会被揭开。

上图：埃及金字塔内的壁画和做电池用的陶罐。

| # 五十万年前
的火花塞

意外发现火花塞

1961年，美国加利福尼亚州奥兰治县的洛亨斯宝石礼品店为了搜寻珍奇宝石，派工作人员兰尼、米克谢尔和麦西3个人前往奥兰治县东北方的哥苏山勘察。在接近峰顶的海拔1400米高处，3个人找到了一块包在岩中的晶洞。

晶洞，是蕴藏在石灰岩或一些页岩中的空心矿物体，其内部生有玉髓层，往往形成五彩缤纷的美丽晶体，可以用锯子小心地分割为二，充分展示内部的光彩，深受收藏家们的喜爱。

　　3个人找到晶洞后，当下不敢大意，由米克谢尔用钻石锯片的锯子，小心翼翼地把它锯开。不料锯开后却发现晶洞内部包藏着特硬的金属物品，钻石锯片也被弄坏了。原来晶洞里居然有个汽车火花塞！

　　那是一个金属的圆芯，直径2.4厘米。圆芯外面包着一个陶瓷轴环，轴环外面又有一个已成了化石的木制六角型套筒。这个火花塞似的东西位于晶洞的中间，此外这个晶洞内还有两个小型金属物，一个像铁钉，一个像垫圈。二者用铜片隔开，这些铜片已碎。

科索的人造物品

　　现在，石头中包含的神秘物质已经广为人知：它是一种内燃机上用的老式火花塞。它也被美国人正式定名为"科索的人造物品"。不过仍有许多人认为，科索晶石是一种"欧帕兹"，意即在不该出现的地方出土的加工物。

　　"欧帕兹"这个词是美国博物学家伊万·桑德森创造的，主要是针对

远古科技名片

名称：火花塞
类别：远古机械制造业
证据：发现金属圆芯外包陶
　　　瓷轴环
时间：50万年前
地点：美国加州

近些年来从古老地层中掘出的，如动植物化石般的人造物品。桑德森盲目地认为这些物体非同寻常，并指责科学家们对事实的隐瞒，即地球上生命的出现要远远早于人们的想象，更异于书中的描绘。因此，也不排除地球有外星人的造访。

这种石头可谓第一个正式的欧帕兹。不过，随着研究的展开，它的神秘面纱日渐褪色。一位地质学家在分析了它的化石状外壳之后，断定它已经有50万年的历史。这位科学家的身份始终不为人知，而且他的评论也从未见诸正式的出版物中。

但可以肯定，这块石头不是真正的晶石。石头里另藏两件坚硬的物品，像是一只钉子和一个垫圈，这些无疑是比较现代的东西。石头的发现者们将其送到了专业协会，拍摄了很多照片并做了X光测定。测定的结果

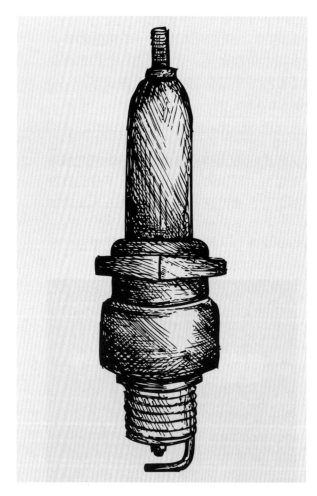

证实它的确是机械装置的一部分，但奇怪的是X光片显示出中心金属轴的一端已被腐蚀，另一端却有类似弹簧或者螺旋纹似的结构。欧帕兹假设的支持者认为它不可能是一个火花塞：因为现代的火花塞根本不会有像弹簧或螺旋终端的结构。

西北太平洋怀疑论派两位科学家的努力终于使这件事有了柳暗花明的转机：他们把这些照片和X光片寄给了美国火花塞收藏者协会。协会的主席对此进行了长时间的研究，在经过认真的分析和比对之后，于1999年11月得出结论：毫无疑问这是一个火花塞。协会主席还找出了它的模型——1920年的一件样品。他的解释同时澄清了类似弹簧或螺旋终端的那

一部分的功用：这些螺旋起一种平衡杆的作用，被用来均衡陶瓷和金属轴之间的热膨胀系数之差。

温德姆的解释还与另外一个细节相吻合，据文件记载，发现神秘晶石的地区在20世纪初是一个采矿区，可能就是当时使用了配备有老式内燃机的机械，火花塞落入较深的地方，与矿石共同融合而形成了这块令人费解的石头。

火花塞如何跑到晶洞里

人所共知，现代汽车19世纪下半叶才问世，汽车火花塞的出现也不会更早。而晶洞内的这个类似汽车火花塞的蕴藏物只能被制成于晶洞形成之前，即50万年以前。那时的人类刚刚从动物界中分化出来，还处于极端原始的阶段，他们怎么能制造出作为现代工业产物的火花塞呢？

1963年，这个晶洞曾在东加州博物馆内展出3个月。后来，发现者之一的兰尼取得了这个晶洞的所有权，并以25000美元的高价将它卖给了一个不知姓名的人。但是，这个火花塞是怎样跑到晶洞里去的，仍然没人弄明白。

Qi Shi Wan Nian
Qian De
Yue Qiu Kai Cai

七十万年前的
月球开采

社会的流传

1950年，在社会流传过这样一件事，在一座玛雅庙宇中的一个圆形拱门上、发现了一幅月球的地图，这是一幅从地球上望不见的月球背面地图。

除非玛雅人曾经到过月球，或乘着某种飞行工具在月球附近的轨道上来往过，否则他们怎能绘成这样一幅地图呢？

苏联和美国的宇宙飞船都拍摄到

远古科技名片

名称：月球开采

类别：远古矿产业

证据：发现一幅月球背面地图

时间：70万年前

地点：墨西哥玛雅神庙

月球上的一些尖顶物。这些突起的尖顶物估计有12～22米高，直径约为15米。著名研究UFO权威人士特伦奇的说："它们像是由智慧的生命放置在那里的。"

苏联的"登月"9号和美国"宇航"2号所拍摄的这些神秘的尖顶物是什么呢？能不能作为玛雅人70万年前在月球上从事过矿物开采的证据呢？或者，它们是不是现在仍在使用着的精密通信装备的一部分？

大约在40年前，天文学家们发现在月球表面上有一些无法解释的"圆顶物"。特伦奇报道说："至1960年时，已经记录下来的就有200多个。"更奇怪的是，人们发现，它们还在移动，从月球的一个部位移向另一个部位。

玛雅人来过月球吗

有人猜测，玛雅人来到地球之前，一定先到过月球，因为要在地球这样一颗行星上登陆事先必须进行一番仔细研究。地球表面上70%是水，而浓厚的大气层又使地球上的细部很难辨识。

月球就小得多了，而且不受大气的干扰，相对来说也不大受地震、火山、洪水和辐射带来的影响，玛雅人在X行星上建立起自己的基地之后就会很快去开采月球上的金属。不是着眼于月球全面矿层，而是先着手大量开采月球的金属核心。与此同时，还可以从月球那里研究我们这颗星球，

规模不大的勘探队和工程人员还可以随时访问一下地球。

玛雅人在月球上的活动进行得有多顺利呢？在宇航员成功地登上月球后，我们的天文学家和物理学家大吃一惊，发现月球和地球并不相同，前者并没有一个金属的核心。但是，月球上已取得的岩石标本证明，月球确实曾经有过一个熔化的金属核心。

月球核心内的秘密

一个像月球那样大小的天体的核心，当然远非20世纪的人类力所能及。但是，玛雅人是能够完成这项任务的，而且困难不会太大。月球上没

左图：聪明、智慧玛雅王的雕像。

下图：玛雅人观测星象的天文台。

有大气层，没有风暴，没有海洋，因而也没有大陆的漂移，也没有冰河期的威胁和虎视眈眈的土著人的干扰。在地球上，所有这些因素或其中的任何一个都可能干扰玛雅人的开采活动。

第一张月球背面的照片是1959年10月7日发射的苏联太空船"登月"3号拍摄的，此后，美、苏两国多次派遣了侦察卫星去拍摄月球背面的照片，拍摄至今还没有公布过清晰的照片。现在，美苏两国好像对月球不感兴趣了，美国勘探月球的计划和安排都取消了，苏美两国似乎对金星、火星和其他距离太阳远一些的行星有更大的兴趣。

有没有这样一种可能，玛雅人还生活在月球的表面下，因为那里温度的变化不那么剧烈，在那里可以躲开像暴雨那样袭来的小陨星，而且还有可能找到氧气和水蒸气。

在月球的表面还有10%没有观察和拍摄到的时候，美苏两国就同时不干了。这又是什么缘故呢？

曾被玛雅开采过的月球表面

月球上的秘密

　　尽管月球已经正式被判断为一个无生命的世界，但是还常常听到在它表面上发现信号和某种亮光的报告。天王星的发现者威廉·赫谢尔爵士，1783年发现"在月球的阴暗部分，有一处发光的地带。"他用的是一个0.22米口径、3米长的望远镜，一个月之后，他再次看到这个信号。当时，他误认为是月球上的火山活动。近年来对月球所做的勘探说明，在月球上不可能有火山活动，因为月球的核心不存在有导致火山爆发所必须具备的那种熔化的岩浆和巨大的热量。

　　然而1961年在亚利桑那州洛韦尔天文台的美国天文学家詹姆斯·格里纳克只在被称为阿里斯塔克斯的陨石坑处，看到了更多这样的信号。其他天文观测者也证实了他的观测结果。1958年苏联天文学家库祖日夫从克里

米亚天文台看到在阿方索斯陨石坑所在之处也有一个这样的红色信号，还有我们的宇航员也纷纷报告说，在月球上及其附近，看到了奇怪的信号或亮光。

　　很值得注意的是，就在库祖日夫观测到月球信号的一年之后，苏联第二次向月球的另一面派出了一艘太空船去拍摄照片，这是巧合吗？

　　火山之说已不足为据，对这些信号作何解释呢？我们认为这些信号是一种密码。是不是我们的科学家已经把它译出来了？这也是他们热衷于注释玛雅文字的原因吗？会不会是玛雅天文学者在月球上的地道网连接着大大小小的"月海"。而从这些月海中，天文学家才看到了那些神秘的红色信号？玛雅人是不是把月球作为他们的通信卫星呢？这还有待于科学家的进一步考证。

Yi Yi Nian
Qian De
Ren Zao Di Tu

一亿年前的
人造地图

科学家的发现

2002年9月6日下午4时，俄罗斯著名科学家亚历山大·丘维诺夫博士在一个新闻发布会上公布了一个惊人的消息：有充分的证据证明，在远古的乌拉尔山脉，存在过一个高度发展的文明。他和他的研究机构在乌拉尔山脉考古过程中发现了一块远古时代的石板———一块用高科技机器制成的三维立体地图。丘维诺夫博士称，初步估计，该"三维地图"石板的年龄至少有1.2亿年。

据丘维诺夫博士说，在没发现这块神奇的石板前，他们的研究主题是在几千年前，是否有古代的中国人曾经居住在西伯利亚和乌拉尔山脉一

带？因为在该地区的一些岩石上发现了一些像是3000多年前中国的甲骨文一样的文字。

科学家们通过研究所有乌法地区档案资料，发现了一些18世纪末写成的档案笔记上记载描述200多块有象形文字和图画的远古时代的神奇石板。他们当时的想法是，这些石板可能跟古代中国在乌拉尔山脉的移民有关联。

神奇之石惊现地底

丘维诺夫说："我们要做的，就是努力寻找这个远古时代的文明，但随着研究的深入，我们发现，这些岩石上的图画和文字跟3000年前的那个时代毫无关系。在这些岩石上的图画中，根本一次都没有出现那个时代应该有的动物，譬如鹿什么的。"

科学家们先后组织了6个探险队考察了乌拉尔山脉无人区，终于在地下1.06米的地方，挖掘出了这块石板，他们称它为"神奇之石"。这块石板长度是1.5米，宽度超过1米，厚度仅有0.16米，重量超过1000千克。

许多科学家参观这块石板后认为，这是一块浮雕，是一个三维的立体地图。刚开始发现这块神奇石板后，他们以为发现了一块2000多年前制成的产品。很明显，这块石板是人造的，它共分3层，用一种特殊的黏合剂贴在了一起，而第三层更像一种白色的人造瓷。尤其让人惊讶的是，石板表面的浮雕并不像是古代石匠用手工雕刻出来的，有足够的证据显示，一种先进而细腻的机器参与了该浮雕的制作。

地图上山脉与现代稍有不同

据科学家了解到，在这块石板地图上，能够一眼认出从乌法至撒拉维特的广大地区。石板地图上，乌法山脉的一侧和现实中乌法山脉的走向轮廓完全一致，地图上乌法山脉的另一侧跟现实中的稍微有一点不同。

让科学家们疑惑的是石板地图上所谓的乌法峡谷，从现在的乌法城地区到斯特里托马克地区，地球的表面裂开了一个长长的大口子，足有两三千米深，三四千米宽。我们通过地理学研究发现，这种地貌只在1.2亿年前才可能存在过，也就是在理论上的确有这条峡谷存在。

这块石板地图如果描绘的是它被制作时的地貌，那么，石板地图的历史至少也有1.2亿年。后来科学家设想，现在的乌夏克河可能就是由地图上的这条远古时代的峡谷演变而来的。

地图上竟有水力发电站

据科学家称，除此之外，还有更让人惊讶的，在三维石板地图上还雕刻着两个宽500米、总长度达12000千米的河道系统，在这个河道系统内，包括12道300米宽、10000米长、2000米多深的大水坝，这些水坝使水产生一个巨大的落差，能从一边很容易地倾泻向另一边，整个水道系统极像现代的水力发电站。

后来，相关人士猜想：如果当年真的建成过这个水道系统，那么，总共须有1000万亿立方米的泥土被挖走。那将是几十个大金字塔的工程。但这也只是科学家的猜想，真正的答案还在研究当中。

Ai Ji De
Yuan Gu Fei Ji
Diao Mo

埃及的
远古飞机雕模

古庙壁画上的飞行物

　　1879年，英籍考古学家韦斯在埃及东北部荒芜沙漠中的古庙遗址内的浮雕壁画中，发现一个奇怪现象，就是看见与现今飞机形状极其相似的浮雕，以及一系列类似飞行物体。有一图案状似今日直升机，有的图案状似潜艇或飞船，甚至还有UFO，这一切却出现在3000年前的古埃及。

远古科技名片

名称：飞机模型
类别：远古航空业
证据：发现飞机壁画、模型
时间：3000年前
地点：埃及古庙、古墓

还有至少3个飞行物与今日的飞机形状极为相同，飞机在19世纪才发明出来，但竟然在3000年前的古埃及壁画中出现。在世界历史中，不少远古民族在发展语言和文字之初，均以壁画记载历史。

出现在庙宇中的浮雕，也应该是古埃及人用以记载某一件事或表达某一种意思，但3000年前的人可以预言到今日的文明产物吗？在3000年前，即使是外星文明曾经降临过古埃及，当时的人也未必有直升机和潜艇这些概念。并且，如果壁画中的UFO是外星人的，又为何要与现代文明的飞机画于同处？

埃及古墓中的飞机

1898年，有人在埃及一座4000多年前的古墓里发现了一个与现代飞机极为相似的模型。这个模型是用当时古埃及盛产的小无花果树木制成的，有31.5克重。因当时人们还没有飞机这个概念，便把它称为"飞鸟模型"。模型现在存放在开罗古物博物馆。

直至1969年，考古学家卡里尔·米沙博士获得特许进入这个博物馆的古代遗物仓库，发现了许多飞鸟一样的模型。这些飞鸟模型有个共同点，即都有鸟足，形状半人半鸟的，而这个模型除了头有些像鸟外，其他部分都跟现在的单翼飞机差不多。有一对平展的翅膀，一个平卧的机体，尾部还有垂直的尾翼，下面还有脱落的水平尾翼的痕迹。

科学家的研究

为了弄清楚这架飞机模型的本来面目，米沙博士便提出建议，由埃及文化部组成特别委员会进行专门调查研究。

1971年12月，由考古学家、航空史学家、空气动力学家和飞行员组成的委员会开始了对这架飞机模型的研究。

经鉴定，许多专家认为，它具有现代飞机的基本特点和性能：机身长0.15米，两翼是直的，跨度0.2米，嘴尖长0.03米，机尾像鱼翅一样垂直，尾翼上有像现代飞机尾部平衡器的装置。

尾翼除外形符合空气动力要求使机身有巨大的上升力，机内各部件的比例也很精确。只要稍加推动，就能飞行相当一段距离。

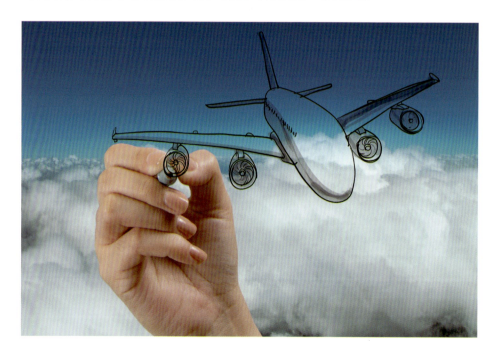

所以，一些专家断定，这绝不是古埃及工匠给国王制造的玩具，而是经过反复计算和实验的最后成品。后来在埃及其他一些地方，又陆续找到了14架这类飞机模型。

世界各地的飞机模型

更令人奇怪的是，在南美洲的一些地方，也发现了一些与古埃及飞机模型极为相似的飞机模型。在南美的一个国家的地下约780米深的地方，挖出了一个用黄金铸造的古代飞机模型，跟现代的B-52型轰炸机十分相像。据科学家们的分析，这架飞机的模型不但设计精巧，而且具有能够飞行的性能。

1954年，哥伦比亚共和国在美国的博物馆展出过古代金质飞机的模型。后来在南美其他国家也陆续发现过这类飞机模型。埃及与南美的飞机模型之间有什么内在联系吗？是埃及人驾机曾经飞到过南美洲吗？既然4000年前的人已经发明了飞机，可为什么直至1903年才有了世界上的第一架飞机呢？古代人是凭借什么手段制造了飞机的呢？

Ying Guo De
Ju Shi Zhen
Yi Ji

英国的
巨石阵遗迹

远古科技名片

名称：巨石阵
类别：远古建筑业
证据：发现巨型石头组成的图形
时间：4000年前
地点：英国

智慧的结晶

巨石阵是个谜一样的遗迹，1000多个遗迹几乎遍布了整个英伦地区。这些巨大而高耸的石块，被竖立在荒野、山脚，甚至在过去的沼泽地区，而共同的特点是它的所在地并不是石场，这些石块就如同金字塔的石块一样，是从远处迁移过来的。

数千年前的人似乎对石头颇有一套办法，他们不仅能轻松地搬运它们，而且能够随心所欲地切割它们、安置它们，将它们放置到准确的位置上。巨石阵的建造者们，将原本粗糙的石头表面抛光，将锐利的边缘磨掉成为平滑的弧度。他们还会精巧地挖出孔洞，让木桩能够穿过。

现代考古学家认为，这些石阵有某种历法和宗教上的目的，到目前为止，并没有直接的文献或记录可以证明这件事情。但是考古学家们研究的结果，似乎可以稍稍解释

出秘密的一部分。巨石阵位于英格兰岛南部，是最有名的巨石阵。根据推算，它已经有4000年以上的历史。巨石阵距离索尔斯巴利约16000米，现在所剩下的石头大大小小有38个。

石头因为经过长时间的风吹日晒，表面产生了许多奇形怪状的凹洞。巨石阵排列成一个同心圆的形态，石块大致为长方形，但却直立在地面之上，高度超过4米。而在相邻的石块之上，还有另外一块石头横躺在顶部，或是横跨2块或4块，排列成一幅奇特的图案。

组成石阵的石块，是一种产自威尔斯南部皮利斯里山的青石，距离石阵现在地点有400千米，依照所搜集的一些证据显示，这些巨大的石块是在冰河时期由冰河运送至此。但到底是谁建立的？为什么建立？没有一个学者能解释。

巨石阵之谜

整个巨石阵的结构是由环状列石及环状沟所组成，环状沟的直径将近100米，在距离巨石阵入口处外侧约30米的地方，有一块被称为"席尔"的石头单独立在地上，如果从环状沟向这块石头望去，刚好是夏至当天太阳升起的位置，因此部分的学者认为巨石阵应该是古代民族用来记录太阳运行的。

谜一样的英
国巨石阵

但是在1963年，波士顿大学天文学教授霍金斯提出了更惊人的理论，他认为巨石阵的一部分，事实上是预测及计算太阳和月亮轨道的古代计算机。当时这个理论引起了极大的震撼及批评，但是近代学者的研究却发现，他的说法正确性越来越高。我们来看看这些学者的推论是什么。

学者们的推论

巨石阵在史前时代分为三个时期建造，前后将近1000年。第一期大约从公元前2700多年开始，考古学家称之为"巨石阵第一期"。在这一时期中，最令人费解的事是被称为"奥布里洞"的遗迹。这些洞是17世纪一位古文物学家约翰·奥布里发现的。这些洞位于环状沟的内缘，同样围成一圈，总共有56个。这些洞是挖好后又立刻填平，并且确定洞中未曾有石柱竖立过。

为何当初要挖56个，而不是整数的数目？是研究学者极伤脑筋的。根据牛津大学亚历山大·汤姆教授的研究指出，在综合英国境内其他环状石遗迹的研究后他发现，这些洞的排列与金字塔的构造有相同的地方，就是它们同样运用了黄金分割比。

汤姆以英国环保局所绘制的标准地图为准，将4号、20号和36号洞穴连接后，便出现了一个顶端指向南方的金字塔图形。其后两个建造期的技术层次及规模都提高了，显见建造石柱群的人绝非未开化的原始民族。

霍金斯认为，巨石阵中几个重要的位置似乎都是用来指示太阳在夏至那天升起的位置。而从反方向看刚好就是冬至日太阳降下的位置。除了太阳之外，月亮的起落点似乎也有记载。

不过月亮的运行不是像太阳一样年年周而复始，它有一个历时19年的太阴历。在靠近石阵入口处有40多个柱孔，排成6行，恰巧和月亮在周期中到达最北的位置相符，所以6行柱孔很有可能代表6次周期，也就是6个太阴历的时间，观测及记录月亮的运行有100多年的时间。

三个重要时期

在公元前3300年至公元前900年这段时间中，巨石阵的建造有几个重要的阶段。

公元前3000年之前，这段时期的巨石阵分布在爱尔兰海及爱尔兰—苏格兰海路信道的周边地区，数量不多但却令人印象深刻，直径超过30米以上，在圆阵之外都有一个独立石，似乎是一种宣告"此地已被占有"似的标示。

公元前2600年左右，金属被引入不列颠岛，坚硬的凿刻工具被制作出来，这个时期的巨石阵更精致完美，有的巨石直径超过90米。然而一些其他石阵则小多了，一般只有18～30米。它们有个特殊的现象，就是除了圆形石阵之外，还会现椭圆形的石阵，长轴方向指向太阳和月亮的方位。

数目在宗教上也呈现一个有趣的现象，我们发现不论巨石阵的圆周有多大，各地的立石数量都有独特的数目，如英国湖区的数量都是12个，赫布里底群岛地区的则是13个，苏格兰中部则是4个、6个或8个，陆地之角是19个或20个，而爱尔兰南部是5个。

公元前2000年，在这个最后时期，以传统方法建立的巨石阵数量便开始减少。整体形状也不是很完美，不是呈现椭圆形就是扭曲的环状。在规模上也大不如前，有的直径还不到3米。这是否意味着传统的精致技

术已经渐渐失传？没有人能够再了解制作这些工程浩大的巨石阵背后的真正目的。

巨石阵与天文现象有关吗

在英国索尔兹伯里以北有一个被称为"巨石阵"的石块群。巨石阵的主体是直立在平原上的一根根排列成圆形的巨大石柱。每根石柱高4米，宽2米、厚1米，重达25吨，两根最大的拱门石柱重50吨。考察者在巨大石阵内发现了由56个石柱围成一个圆形的坑穴群，坑内装满了人的头骨、骨灰，以及骨针、燧石等日用品。

早在200多年前就有人注意到了巨石阵的主轴线指向夏至时日出的方向，其中两块石头的连线指向冬至时日落的方位。英国天文学家指出石阵

的中心与一块石头的连线与天文现象有关。在巨石阵中，有一块指向5月6日和8月8日日落的位置，而中心与另一块石头的连线则指向2月5日和11月8日日出的位置。因为这4天大致就是立夏、立秋、立春和立冬4个节气的时间，所以他认为建造巨石阵的人们已经有一年分为8个节气的历法了。

20世纪60年代初天文学家纽汉又找到了指向春分和秋分日出方位的标志，并且他还指出标号为91、92、93和94的4块石头构成一个矩形，它的长边指向月亮最南升起点和最北落下点的方位。天文学家霍金斯又找出了许多新的指示日月出没方位的指示线，因此他认为巨石阵中的56个奥布里洞能预报月食。天文学家堆伊尔则认为巨石阵更能预报日食。

但有不少人对巨石阵是古代天文观测台的说法表示怀疑，因为这些巨石需要到遥远的威尔斯山区去搬运，要动用150万个劳动力极强的人来建造，这在当时是极为困难的工程。再说对那圆形坑穴中的人骨等现象也解释不清。

荒凉高原上的
文明遗迹

远古科技名片

名称：撒哈拉壁画

类别：远古文化艺术

证据：发现猎人、车夫、动物及宗
教仪式、家庭生活壁画

时间：1万年前

地点：阿尔及利亚

有河流的台地

撒哈拉壁画位于阿尔及利亚境内的撒哈拉沙漠中一个名叫塔西里的荒凉高原上，故又名塔西里壁画。这里原来有一座名叫塔西里的山脉，绵延800千米，平均海拔1000多米，最高峰2300多米，岁月的洗礼使这条山脉变得宛若月球表面一样肃杀萧瑟，寸草不生，人迹罕至。

而在遥远的古代，这里曾有过丰富的水源、茂密的森林和广阔的牧场。塔西里，在土著的土阿雷格人语言中意思是"有河流的台地"，然而很长时间以来，这里早已是河流干涸、荒无人烟了，只留下河流侵蚀而成的无数溪谷和一座座杂乱无章耸立着的锯齿状小山，以及巨大的蘑菇状石柱，似乎在向世人无声地倾诉这里曾发生的一切，而绘画则成为他们倾诉的唯一方式。

20世纪初，法国殖民军的科尔

提埃大尉和布雷南中尉等几名军官，在阿尔及利亚阿尔及尔南部500千米处一个尚未被征服的地区巡查时，偶然地发现了这些不为人知的壁画，他们感到十分好奇。据布雷南追记："1933年，我在率领一个骆驼小分队侦察塔西里高原时，接二连三地发现了好几个'美术馆'，展品真不少，内容有猎人、车夫、大象、牛群，以及宗教仪式和家庭生活的场面。我被这些画面深深地打动了，于是就花了大量时间用速写描下了这些艺术品。"

史前人类的生活画卷

塔西里的岩画共有数万件彩绘画面和雕刻图案，大部分壁画表明撒哈拉沙漠曾是一片水草丰茂、牛羊成群的世外桃源。

最早的壁画可以追溯至中石器时代，距今10000年左右，最晚的壁画大约属于公元前后的作品，前后延续了近万年。不同时代壁画的题材、内容各不相同，风格各异，有的潦草、有的严谨、有的稚嫩、有的凝练，异彩纷呈，令人目不暇接，记载了黑人、法尔拜族、利比亚族、土阿雷格族等民族在此活动的情况。

岩画中最古老的画面是生活在公元前8000年至6000年前的史前人类绘制的，笔触稚嫩，描绘的一些绛紫色的小人，体型极不匀称，头颅又大又圆，而腿和胳膊细如芦柴。他们可能是那些以狩猎和采集为生的黑色人种描绘的，因为岩画中有文身和戴着假面具的人物，这种风俗习惯与黑人的

撒哈拉沙漠
的动物壁画

完全相同。在洞穴中有一个高5.5米的巨人画面，两只手，圆头，耸着肩膀，头上似乎贴了4块金属片，脸上没有鼻子，两只眼睛七歪八扭，仿佛毕加索的作品，因为其他数千幅壁画图案都不是很写意的，唯独这幅巨人像特别抽象，洛特百思不得其解，就给他起名叫"火星神"。

瑞士空想家丰·丹尼肯认为大火星神穿的不是宇宙服就是潜水服，而且头上戴着球形头盔安装有天线，显然是星外来客。其实看似头盔和天线的东西，实际上是装饰着羽毛的头巾，况且在凹凸不平的岩面上的人物画不一定是按照垂直方向整齐描绘出来的，所以丹尼肯将他推测为宇宙人是牵强附会的。这一时期岩画中，无头的人物、奇形怪状的物品比比皆是，类似的画面在西亚安纳托利亚高原地带新石器时代早期的遗迹中也有发现，然而大多数都无法解释。

在这一时期的画面上出现了婚礼、宴会及割礼仪式的场面，还有一群

人围着一个手执"魔杖"寻找水源的人的情景，此外还可以看到几个小孩合盖一条毯子睡觉，一群妇女在搭凉棚，一个人摇晃着一个醉酒之人欲使其醒来，一只狗正在狂吠……这些栩栩如生的田园风光式的画面再现了昔日撒哈拉居民宁静安详的日常生活情景。

公元前5000年至公元前4000年，塔西里岩画作品中，出现了放牧牛羊、半圆形房屋、舞女、战争及日常生活等场面。狩猎画面也很多，从驱赶鸟兽到用弓箭射取猎物的全过程在岩画上都得到反映。画风完全是采取写实的手法，构图巧妙，色彩鲜艳。据推测，这些岩画是由至今仍生活在撒哈拉沙漠南部的法尔拜族人描绘的，因为无论从发型、帽子、武器、住宅，还是从一夫多妻制等方面来看，两者完全相同。他们在撒哈拉牧草丰茂的时候赶着牛群，由东非迁徙而来。这一时期塔西里的绘画艺术达到巅峰。

上图：撒哈拉壁画中的人物造型。

左图：撒哈拉壁画中的耕种场景。

Yuan Gu Shi Qi
De Di Xia
Gu Sui Dao

远古时期的
地下古隧道

古隧道中发现古剑

2011年8月8日，以色列考古学家在耶路撒冷公布：在一条古隧道中发现了约有2000年历史的古文物，其中包括一把剑。

据了解，这条隧道是一条古代排水管道，建于2000多年前，由古罗马时代工程师设计建造，是古耶路撒冷主要地下隧道之一。这条隧道主要任务是排放雨

水，但是在公元70年罗马军团摧毁了犹太人的圣殿"第二圣殿"之后，一些犹太反抗者就把隧道作为藏身之处。

考古学家挖掘的一把罗马军团曾经使用过的剑长约0.6米，虽然经历了近2000年的岁月，皮革制成的剑鞘仍留在剑上。此外，还考古学家还挖掘出了古人使用的钥匙。

南美洲发现的古隧道

20世纪70年代，人们在南美洲发现了一条玛雅人的古隧道，据估计它至少有50000年的历史，而实际上它的年代更为古远。这条隧道离地面250米深，仅在秘鲁、厄瓜多尔境内就有数百米长。隧道的秘密入口由一个印第安部落，即古代玛雅人的后裔把守着。他们说，这里是"神灵"居住的地方，他们遵守祖训，世世代代守在这里。在古隧道里，考古学家发现了许多远古文物，这些物品放在隧道里的不同洞穴中。使考古学家们兴奋的是一些刻有符号和象形文字的金属叶片，还有不同形状和色彩的石器和金属制品。遗憾的是没有人能破译这些文字。

隧道的穴壁很平滑，似乎经过打磨，与地面成直角。穴顶平坦，像涂了一层釉，不像是天然形成，而像是某种机械削切的结果。隧道中有个大厅，长164米、宽153米，里面放着像桌子、椅子似的家具。

令人奇怪的是这些物品的材料很特殊，既不是钢铁、石头，也不是塑

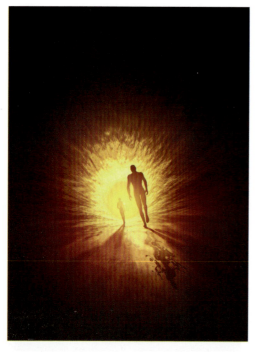

料和木材，而它又有钢铁和石头那样坚硬和笨重，在地球上还没有发现过这种材料。大厅里面有许多金属叶片，大多长约1米、宽约0.5米、厚度约0.02米，一片一片排列着，像是一本装订好的书。金属片上都写有很多符号及象形文字。据专家认定那些符号是机器有规律压印上的结果，目前已发现3000多片。

隧道里还有许多用黄金制作的图案，其中有两块雕刻的是金字塔。每个金字塔旁边都刻着一排符号，还有一个用黄金雕刻的柱子，这个柱子长0.52米、宽0.14米、厚0.038米，柱子上刻有56个方格，每个方格里都有奇怪的符号。

其他地方发现的古隧道

英国考察队在墨西哥马德雷山脉也发现了地下隧道，这条隧道可通往危地马拉。每当拂晓，地下隧道发出敲鼓一样的声音，声震远方。

苏联阿塞拜疆也发现了一条古代地下隧道，隧道里有一些20米多高的大厅，还有很窄的拱形门。据说洞中不时发出奇妙的声音和光。

据考古探测和远古文献记载，考古学家推断地球上很可能有一条穿越大西洋底，连接欧、亚、美、非的环球地下隧道，这些古隧道又很可能是古代玛雅人的杰作。

早在20世纪40年代，美国人拉姆在墨西哥的恰帕斯州密林考察时就发现了一条远古隧道。1942年3月，美

国当时的总统罗斯福会见了刚刚从墨西哥的恰帕斯州进行考古研究回来的戴维·拉姆夫妇。拉姆夫妇给总统带来一个惊人的消息:他们终于发现了传说中守卫墨西哥地下隧道的白皮肤的印第安人。据拉姆夫妇回忆,当他们横穿当地密林时,被一些皮肤呈蓝白色的印第安人包围,并要求他俩立即按原路返回。他们早就听说,在恰帕斯的腹地存在着早已荒废的玛雅人城市。在这些城市地下分布着构成网络的隧道,他们此行的目的就是要查出这种传闻的真相。

17世纪,一位西班牙传教士发现了中美洲危地马拉的一条地下隧道。从地图上看,它位于安第斯山脉地下,长达1000千米以上。为了保护隧道,待将来人们掌握了足够的科学技术再来开发,这些被发现的地下隧道的入口被秘鲁政府封闭并严加看守,同时它又被联合国教科文组组织列为世界文化遗产。

德国作家冯·丹尼肯曾进入过这个隧道。在隧道中,他极其惊讶地见到了宽阔、笔直的通道和涂着釉面的墙壁。多处精致的岩石门洞和大门,加工得平整光滑的屋顶与面积达20000多平方米的大厅,还有许多每隔一定距离就出现的平均1.8~3.1米长,0.8米宽的通风井。

隧道内还有无数奇异史前文物,包括那本许多民族远古传说中提到的金书。隧道那种超越现代人类智慧的严密、宏大与神奇,使这位以想象大

胆著称的作家也惊得目瞪口呆。他毫不怀疑地认为，这是我们这个世界上最宏大的工程，也是世界上最大、最难破解的谜。丹尼肯拍下了几张有关隧道的照片。他认为隧道是用高科技超高温钻头和电子射线的定向爆破及人类现在还不具有的某些技术开凿成的。

隧道中的雕刻之谜

玛雅人的雕刻和壁画是玛雅文化中的一个重要组成部分，然而又有很多古怪的雕刻同样给后人留下了千古谜案。在玛雅古城废墟中，史前学家们曾发现一个奇怪的石刻，据测定是30000年以前的物品，现今存放在秘鲁国立大学博物馆里。石刻上是一个古代玛雅人手持管状物，贴放在眼前，朝向天空。玛雅人手持的管状物引起天文学家的极大兴趣。

在玛雅文化的重要古城巴林卡遗迹中，有一幅雕刻在金字塔石板上的壁画，画面是一个人形坐在一个鱼形装置里，手里似乎紧握着操纵杆状的机械，鱼前端有处开口，飞行时纳入空气，鱼的尾部喷着许多火焰。这个图画表示鱼形火箭在向前飞行。在玛雅人生活过的阿亚库乔港的一片茂密的丛林里，有一块3000平方米的巨石。每到早晨，旭日东升，阳光从某一个特定角度照射来，这块巨石上就会显示出很多奇怪的图像。等太阳升高，角度转移，这些图像又随之消失。

显然，当年雕刻这些图画的玛雅人是很精通光学原理的。他们根据光的照射角度，巧妙地掌握了雕刻的角度和深度，使人们只能在特定光照角度才能看到这些雕像。这些图像共有7幅，其中已辨认出的有大蛇、大钟，以及穿着特殊装束戴着武士盔甲形态的怪人。

古隧道发现的雕刻人物

迷雾重重的
世界古物

远古科技名片

名称：波斯银瓶
类别：远古手工制品
证据：发现鎏金人物银瓶
时间：公元6世纪
地点：中国宁夏古墓

波斯银瓶之谜

1983年，在中国宁夏固原县南郊乡深沟村的一座古墓中，发掘出一批珍贵文物，其中有一件波斯萨珊王朝约在6世纪制造的鎏金人物银瓶。银瓶造型新颖别致，人物形象栩栩如生。经鉴定，属波斯东部的手工艺制品，在世界上都是罕见的珍贵文物。

令人惊奇的是，波斯的珍贵文物怎会在中国的古墓之中？据墓内的墓志考证，这是南北朝时期北周柱国大将军都督李贤和妻子吴辉的合葬墓。

李贤生于北魏景明三年，即502年，卒于569年，他生前曾任瓜州刺史、河洲总管和原州刺史等职。这些地区是通往西域的交通要塞，又是中西交通线上的重镇。波斯商人和僧侣络绎不绝地从陆路来洛阳，或经海路到中国南方各地，他们带来了众多的物品，李贤极有可能购买银瓶，死后便作为陪葬品葬于墓中。

另有一种观点是，当时北魏和波斯两国之间有着频繁的经济文化交流，从455年至521年的60多年间，波斯派使臣来我

国访问达10次之多，并带来了不少珍品。据此推测，这件珍贵的鎏金银瓶很可能是北周皇帝赐给李贤的。李贤究竟是如何得到银瓶的，恐怕永远是个谜。

远古巨石建筑之谜

贝尔拜克围城遗址位于黎巴嫩首都贝鲁特以东70千米处，是世界上最壮观的景色之一，自从公元前63年巴勒斯坦全境被罗马帝国征服后，罗马人在这里为维纳斯女神和罗马主神兴建了神殿，代替了早期巴力神及其伴侣阿斯泰特女神的庙宇。

这些古罗马的伟大建筑，历时千年风雨飘零，大部分都在一次灾难性地震中毁坏了。这使得原来被压在下面的更古老的建筑残余部分得以显露出来，也给考古学家出了一个千古难题。

在这些建筑中有一部分围墙称为三石塔，所谓三石塔是由3块凿好的巨石构成，这3块巨石每块重800吨，而其中的一块巨石又在7米高处。

远古科技名片

名称: 三石塔

类别: 远古建筑

证据: 发现每块重800吨的
　　　石头垒成塔形

时间: 公元前63年

地点: 黎巴嫩

平稳地放在另两块摆放整齐的巨石顶上。在三石塔附近的石场中还有一块凿好的巨石，近22米长的这块巨石至少重达1000吨。

这些巨石建筑显然源于比罗马人更古老的时代。古代有大批朝圣的人，从美索不达米亚和尼罗河谷风餐露宿跑到巴力和阿斯泰特的神庙。根据古代阿拉伯人的记载，巴力和阿斯泰特的第一批神庙，是在大洪水之后兴建的。至于这批庙宇的创建者，按阿拉伯人的说法，是远古时代的宁禄王下令由"一族巨人"负责建造的。

建筑工程学家们说，即使用现代起重机械，也不可能吊装这样沉重的巨石。那么，古代人是怎么把塔顶上那块巨石吊上去放在预定的位置上的呢？而这个巨石建筑又到底象征和意味着什么呢？至今，这块巨石还在俯瞰着苍茫的大地，到底有谁能真正了解其中的奥秘呢？

古埃及的钻孔之谜

位于埃及吉萨金字塔群50千米远的地方，叫阿布西尔，这里从前也有3座金字塔，它们是古埃及历史上第五王朝时期建立的，也就是在法老胡夫时代以后，大约4100年前。在阿布西尔，人们发现这里的闪长岩曾被加工过。在这种比花岗岩还硬的岩石壁上，钻了许多浑圆的钻孔。这到底是怎样一回事呢？

　　阿布西尔的钻孔不是普通的钻孔，而是包心钻孔。它得名于钻孔钻成后，钻孔的中心形成一条香肠状的圆形石芯。钻孔时，钻头不是随随便便拿在手里就能钻进的闪长岩中的。无论是石块还是工具，都要牢牢固定住。为了钻出一个笔直的钻孔，还需要一些配套设备，凭借手工是无法钻出这样笔直、均匀的钻孔的。

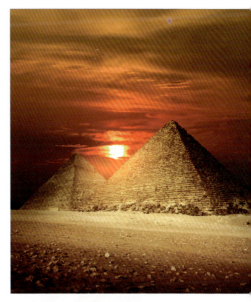

　　在孔洞里，人们甚至可以分辨出钻头旋转留下来的一毫米一毫米推进的痕迹。同时也证实了，钻孔不是后来用金刚砂磨制出来的。很显然，钻孔并不是先用凿子凿出一段孔洞，然后用打磨的方式加工出来的。钻头旋转的痕迹在孔壁和断裂处清晰可辨。

　　有人提出反对意见，认为包心钻孔是现代人制作的，可能是某些考古学家为了探测石块而打的钻眼。如果真是这样的话，那么钻出一个钻眼就足够了，而阿布

西尔的钻孔散布在各处的石块上。

此外，那些石块的硬度现在任何一个地理学家都知道，自己再去做钻孔实验毫无必要。早在1000年前，弗德林斯·佩特里先生就对埃及第四王朝时期闪长岩上奇异的包心钻孔进行了描述，所以，现代钻孔实验之说是站不住脚的。

古埃及的建筑师们配备了我们至今尚一无所知的加工工具。包心钻孔这样的加工技术并不是偶然能发明的。技术进步是一个循序渐进的过程。为了钻孔的进行，先发明钻机还不够，还需要其他合适的工具，例如金刚

石钻头等。为了把金刚石钻头和钻机镶在一起，还要发明合成材料。有趣的是，在我们所处的时代还有许多疑问无法解决。我们需要对那些长期悬而未决的问题进行重新思考。所有这些，都需要一个长期积累经验和不断学习的过程才可能做得到。这难道是在4000年前的事情吗?真是令人不可思议。

秘鲁"鹰岩"之谜

秘鲁"鹰岩"上的史前巨石建筑，似乎就是一个奇迹。它位于印加帝国库斯科要塞边界附近3500~3800米处。鹰岩上的巨石石块像是一座面目全非的巨型建筑遗址。这里到处是巨石，这些巨石像是一种拼图游戏中的方块，每一块都经过了特殊的处理，拼接天衣无缝，十分完美。

其中有块相当于现代人4层楼房高度的巨石，从下至上，每一层都经过人工雕琢，仔细加工，十分光滑平整，但跨度差不多是平常台阶的两倍以上，还有一些类似于座椅的巨型建筑，比日常生活的座椅也要大得多。

那么，这种规模的巨石，是如何雕琢出来的呢?考古学家认为，原始时代这里可能有过精巧的要塞设施，它也可能是史前建筑体系的一部分。但也有人持反对意见，认为这些建筑可能是后来重建的。

远古科技名片

名称: 秘鲁鹰岩
类别: 远古建筑
证据: 发现巨型建筑遗址
时间: 公元11世纪
地点: 秘鲁

这些巨石建筑是谁建造的？当地人认为，它的建造者是古印加时代的巨人。从这些建筑的巨大规模来看，其主人似乎确实应远比平常人高大。但神话毕竟不真实，在当地也没有发现过巨人的遗骸或使用的工具。如果说是巨人所造，这些巨人为什么不留下任何资料呢？如说不是巨人，这些巨石建筑的规模为什么要这么大？

史前水泥圆柱之谜

1774年9月4日，英国著名航海家詹姆斯·库克在做环球探险考察中发现了新喀里多尼亚岛。他看到这里森林茂密，处处绿树丛生，气候宜人，觉得这里的景象和自己的家乡十分相似，便当即在苏格兰的古称"喀里多尼亚"前面加了一个"新"字，因此新喀里多尼亚就这样得名了。太平洋西南部的新喀里多尼亚岛是南太平洋最大的岛屿之一。

远古科技名片

名称：水泥圆柱
类别：远古建筑
证据：发现巨型建筑遗址
时间：公元前1095年以前
地点：新喀里多尼亚岛

据记载，1768年法国人到达过这里。在新喀里多尼亚岛南面有个名叫派恩岛的小岛。从来没有人在此居住，但就在这个小小的荒岛上，却有约400个奇怪的土丘。这些用沙石筑成的土丘一般约高2.5~3米，直径约90米，土丘上没有任何植物生长，看上去十分荒凉。过去人们认为这些土丘是古代的遗冢。

1960年，考古学家谢利瓦尔来到这个小岛上对其中的古冢进行挖掘，意外地在3个古冢中央各发现了一根直立的水泥圆柱，另一个土丘中则有3根并立的水泥圆柱。这些水泥圆柱高1~2.5米，在水泥中还掺有贝壳碎片。谢利瓦非常惊讶，因为他知道，现代水泥是19世纪才发明的，即使是类似水泥的石灰混凝土，也只追溯至到公元前500年至600年间的古罗马人。

谢利瓦请来了有关科研人员对其进行放射性碳检测。经测定，这些水泥圆柱的年代为公元前5120年至公元前1095年间，也就是说，派恩岛的水泥圆柱产生于石器时代，大大早于古罗马时代。

更不可思议的是，按照历史学家过去的

说法，世界上第一个到达新喀里多尼亚岛的人，是在公元前2000年前后。也就是说，在此之前，新喀里多尼亚岛上从来没有人类居住，一片荒芜，渺无人烟。当然，连现在也无人居住的派思岛上就更没有人了。

直至1792年，法国人才第一次对小岛进行勘察，以后就把这里作为他们的罪犯放逐地。100年后，又将其正式划为法国永久领地。那么，是谁在公元前5000多年以前运用复杂的水泥技术，在这没有人居住的派恩岛上建造了这些水泥圆柱呢？

据推测，当时的制作方法是先堆起土丘，然后将水泥倒入使之硬化。但在这些水泥圆柱周围又没有任何人类活动迹象，因此仍然无法了解圆柱的制造者是谁。至于说这些圆柱究竟有什么用处，那就是谜中之谜了。

令人费解的栅栏

大千世界，无奇不有，这个世界上有许多事是出乎人们意料的。水中有一座莫名其妙的墙，陆地上有一个令人费解的栅栏。这个栅栏是前不久在美国的密苏里州西北部克来郡附近的小普拉特河流域发现的。被发现时，这个木栅栏深埋在地下，挖出来后，经过碳-14的检测，认定它是1000年以前的产物。其特点是4个边的长度相等，都是10.5米，是一个绝对的正方形。让我们产生一些怀疑，作为一种屏障，它这么精确的目的是什么？它深埋在地下的作用又是什么？

这个木栅栏的发现，引起了美国天文界和考古界的重视，他们委托考

古学家威廉·麦克负责对这里进行考察。在细致的测量工作后，威廉·麦克发现这个正方形的木栅栏，除南面是双排的木栏外，其余三面均为单排。在栅栏中间有一根竖直的木桩，它与附近的两根木桩组成了一个三角形。但是，这个三角形却不能支撑很重的物体，因此，排除了这个木栅栏是房屋遗址的可能。

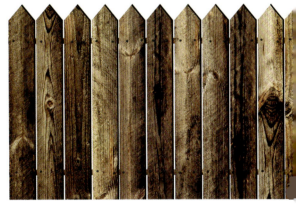

不久以后，威廉·麦克在这座木栅栏内又发现一块刻有神秘符号的石块，这就使人把它和古代印第安人的神秘天文台联系到一起。为了证实这个大胆的推测，威廉·麦克做了大量的实验。通过实验他发现在夏至时，站在中间3根木桩组成的三角形北面3米的地方，穿过栅栏北端的开口，能够绘制出日出和日落的行经图。在冬至时，站在中间3根木桩组成的三角形南面3米的地方，也能够绘制出日出和日落的行经图。在春分和秋分时，当太阳升起和落下，阳光正好直射南边两排木栅栏之间的空隙中。

印第安部落从古至今始终是一个谜，他们充满了神秘的色彩，人们无法很深入了解他们。至于对他们的祖先我们了解得就更少了。人们期待着获得真相的那一天。

神秘的
史前文明古物

南非金属凹槽球

史前古物证明在人类文明出现之前，可能存在过另外一个由智能生物统治的世界，他们的文明曾经高度发达却最终灭绝。

很多年前，南非的矿工挖出一些神秘的金属球。它们的起源无从得知，这些球直径大小约为0.025米，其中一些球的"赤道"附近刻着3条平行凹槽。这种球分为两种：一种是实心的蓝色金属夹带白色斑点；另一种则是空心的，内部填充柔软的白色物质。据说这些金属球是在前寒武层中被发现的，距今已经有28亿年的历史了。

金属球来自南非德兰士瓦省附近的叶蜡石矿中。它们是天然形成的，共有两种：埋藏较浅的球暴露在叶蜡石中，是针铁矿结核；埋藏较深的球没有碰到叶蜡石，是黄铁矿结核。

地质学家认为叶蜡石的来源是史前沉积的黏土或火山灰，那些沉积物在埋藏的过程中遇到了一定的压力和温度，慢慢变成了叶蜡石，地质上叫"变质作用"；黄铁矿结核是黄铁矿的一种常见的存在形式，也是由变质作用形成的。针铁矿结核则是黄铁矿结核遇到叶蜡石后产生化学反应形成的。

在以上这些物质中，只有黏土火山灰是28亿年前的，叶蜡石和黄铁矿结核的年代都要晚一些，针铁矿结核比黄铁矿结核的年代更晚。

据说其中一些金属球上有环形的凹槽，但是天然形成的结核上是没有凹槽的，因此有人认为它们代表了一个史前文明。当然我们还可以假设，有人事先在一些铁结核上雕刻好凹槽再埋入地下，但是经过亿万年的变质作用，那些凹槽都会被磨平。

实际上，在强大的变质作用下，没什么东西能保持原样。所以当现代的你看到了这些凹槽，便可以说：它们确实是人造的，但时间在铁结核被挖出来以后。谁，为什么做了这些球，现在还不能得知。

秘鲁伊卡石刻

在秘鲁纳斯卡平原北部有一座名为伊卡的小村庄有一座石头博物馆。馆中陈列着10000多块刻有图案的神秘石头，上面雕刻着许多令人难以置信的图画，记录的是一个

远古科技名片

名称：伊卡石刻
类别：远古历史
证据：发现刻着天文、地理、动
　　　物、灾难等石片
时间：1000年前
地点：秘鲁

业已消失的极其先进的人类远古文明，这些石头画被称为石刻。

博物馆里这批雕刻着图案的石头是在伊卡河决堤时开始大量被人发现。刻石依照图案的类别，被划分为太空星系、远古动物、史前大陆、远古大灾难等几类。这种分类与现代科学完全脱节，似乎在谈论一个完全崭新的课题。这些珍藏的石头根据推测可能有上千年的历史。专家将刻石进行了化验，结果表明，这些石头是产于当地河流之中的一种安第斯山石，表面覆有一层氧化物。经德国科学家的鉴定，石头上的刻痕历史极为久远，而发现刻石的山洞附近，遍布着几百万年前的生物化石。

印度永不生锈的铁柱

另外，在奥地利的萨尔茨堡、美国的加利福尼亚及爱尔兰等地区，人们在10000多年的地质层中找到了铁钉。10000多年以前是谁制造了如此地道的铁钉？历史学家感到惊恐，因为这些发现同人们对早期人类文明的推测相去了十万八千里，这究竟是怎么一回事？在印度德里城附近的夏麦哈洛里，矗立着一根巨大的铁柱。这根铁柱高6.7米，直径0.37米，用熟铁铸成，实心，柱顶有着古色古香的装饰花纹。据说这根铁柱建成已经至少上千年了。

但最令人惊异的是，铁柱在露天中耸立了几千年，经历了无数风吹雨打，至今仍没有一点生锈的痕迹。人们都知道，铁是最容易生锈的金属，一般的铸铁，不用说千年，几十年就锈蚀殆尽了。

直至现在，人们也没有找到能够防止铁器生锈的有效办法。尽管从理论上说，纯铁是不生锈的，但纯铁难以提炼，造价高贵。那么，这根铁柱是谁铸造的呢？

国外许多大胆的科学家已经公开承认它是一种史前文化，是我们人类文明以前的文明，就是在我们人类文明以前还存在着文明时期，而且还不止一次。从出土文物看，都不是一个文明时期的产物。所以认为人类多次文明遭到毁灭性的打击之后，只有少数人活下来了，过着原始生活，又逐

渐地繁衍出新的人类，进入新的文明。

然后又走向毁灭，再繁衍出新的人类，它就是经过不同的这样一个个周期变化的。物理学家讲，物质运动是有规律的，我们整个宇宙的变化也是有规律性的。

纳兹卡图案

著名的纳兹卡图案发现于秘鲁利马以南200千米的沙漠中，其中一个清晰的图案长约59千米、宽约1600千米，这些于20世纪30年代发现的奇特巨型图案令科学家们无法解释。

这些图案的线条非常笔直，一些线条彼此平行，更令科学家们吃惊的是，这些图案从空中观看时非常像远古飞行跑道，埃利希·冯·丹尼肯在自己的书中《上帝的战车》暗示这些图案很可能是外星人的飞行器跑道。

此外，还有一些巨大的图案在地面上，如：猴子、蜘蛛、蜂鸟等。令人们费解的是，为什么要绘制如此庞大比例

远古科技名片

名称：纳兹卡图案
类别：远古航空
证据：发现刻着跑道的图案
时间：远古
地点：秘鲁

的图形，这些图形只有从空中才能进行观看。它们有什么重大意义呢？一些人认为它们与天文学有关，还有人将这些图案与宗教仪式联系在一起。

目前，最新的观点认为这些图案指示着宝贵的水源。但事实上，以上的观点都没有确切的依据，迄今没有人真正揭晓其中的谜团。

10万年历史的精湛金属花瓶

1851年6月，一位科学家考古发现，在美国马萨诸塞州进行的爆破中，一个金属花瓶被炸成两半而飞出岩石。科学家将两半合而为一就拼成了一个钟形花瓶，高0.1143米，底座宽0.1651米，瓶口宽0.0635米，厚0.0032米。

花瓶由锌银合金制作，银占了相当大比重。瓶身上还以纯银镶嵌了6朵花，呈簇状排列，下方绕以藤蔓，也由纯银镶嵌。雕刻和镶嵌的做工很精湛，出自于无名艺人之手。

花瓶自地下4.5米处破石而出，据估计有10多万年历史。但不幸的是，花瓶在博物馆间辗转相传很长时间后不知去向，很可能正在某个博物馆的地下室蒙尘，遭人遗忘。

Gu Ren De
Yi Xue Ji Shu
Zhi Mi

古人的
医学技术之谜

四千多年前的心脏分离手术

　　如果有人说距今4000多年前人类就能够对自己施行心脏分离手术、器官移植手术、面部整容手术、男女变性手术和大脑增大手术，你信吗？

　　这些让现代医学都望尘莫及的高难复杂手术，是科学家在对古埃及4000多年前数百具木乃伊研究中发现的，这说明古埃及医生们在4000多年前，就已经

远古科技名片

名称：心脏分离手术

类别：远古医学

证据：42具木乃伊做过此类
　　　手术

时间：4000年前

地点：古埃及

懂得应该如何操作，才能使机体免疫细胞与异体的组织更好地结合而不使其坏死。在这些案例中，其中有42具木乃伊是做过心脏分离手术的证据，还发现扁桃体和阑尾炎切除手术的痕迹，此外还发现类似面部整容和头发移植留下的外科手术疤痕。

古人懂点医学技术并不足为奇，但他们能有超越现代医学技术的水平吗？早在4000多年前，人类社会还处在相当原始的发展阶段古人怎么可能履行如此复杂高难的手术呢？

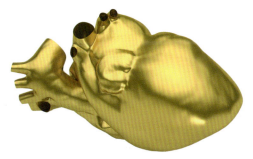

另有一批科学家似乎可以帮助回答。1995年春，由俄罗斯、美国、英国和瑞典的考古学家组成的考察团，对蒙古中部人迹罕至的地区进行考察时，从一个大冰块中发掘出4000多年前的木乃伊。

考古学家在对其解剖分析和全面研究后发现，这具木乃伊生前的许多内脏器官都是人造器官。开始令科学家百思不解的是这些人造器官所用的材料是目前科学所无法确知的。在如此严酷的事实面前，科学家不得不承认这具木乃伊身上所施行的一系列手术都远远超过我们的现代医学技术。

美国科学家借助现代医学监测设备对这具木乃伊进行了全面而详尽的检测和研究，认为这是一具外星人的木乃伊。并进一步认为，只要学会制造和移植人造器官，便可以使人的寿命延长几百岁。一旦人体的某处原本器官出现了毛病，便可以用人造器官取而代之。

右上图：金属制作的人体心脏模型。

右下图：沉睡地下数千年的木乃伊。

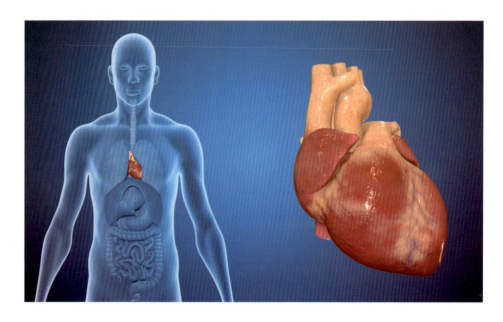

科学发展至今天，人类已经成功地分离出胚胎干细胞。从理论上讲，利用胚胎干细胞可以培育出心脏、骨骼、神经细胞、血液细胞、皮肤细胞、角膜和眼球等重要组织器官。人类寄希望以干细胞技术将来能置换人体内因疾病或外伤而丧失功能的组织器官。在人类目前还仅仅是寄予希望的事情，怎么会在4000多年前就有人实践了呢？是古人比现代人更加的聪明、科学更发达，还是人类的智力退化了呢？

5万年前的人造心脏

在非洲突尼斯北部一处偏僻的森林内，考古人员意外地发掘出一具史前穴居人的尸骸，这具尸体早已腐化，但在他胸腔内却发现一颗构造精密、十分完好的由许多金属配件组成的人造心脏。

根据用科学方法碳–14进行鉴定，这位穴居人已经死了50000多年了。也就是说，人类直至20世纪才刚刚研制出来的人造心脏，原来50000年前就已经有人制造出并使用上了，这可能吗？

考古队长梅沙·夏维博士说："那尸体早已腐化，但他体内的人造心脏仍然十分完好，看来稍加修理便可再次使用。我们深信这确是一具来自50000年前的人造心脏。如果以前有人对我说有这么一件事，我准会大声嘲笑他，并指责为无稽之谈，可事实就摆在眼前。制造心脏的人，绝对不可能是穴居人，也不会来自我们这个星球。"

一位研究古代UFO的美国专家奇顿·兰拿说："我们曾经追溯至古埃

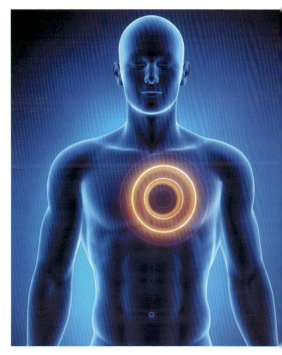

及人是首批与外星人接触的地球人，但现在事实证明了，早在地球有人类踪影的时候，便已经有外来的高智慧生物存在。那个在穴居人身上找到的心脏，虽然十分简单，但却有金属管道和一个类似泵的东西，看起来跟我们今天的人造心脏差不多。说明某种高智慧生物早在50000多年前便已来到地球，并给这个人进行了这样的心脏移植手术。或许这个穴居人并非真的有心脏病，只是被他们用来做实验的白老鼠。"

一位考古学家雷福·柏斯提出了另外一种看法："这可能是人类演化过程中失去的某一个重要阶段。或许我们这个世界曾经一度十分文明，但却在很久以前一次核战大灾难中毁灭了，然后经过一段漫长时期，一切生命才又重新开始。这具人造心脏极可能是由旧世界一位侥幸生还的科学家，将它移植到一个穴居人身上，作为给后人的一种启示。"科学家的分析是否有一定说服力呢，这还有待于进一步的研究。

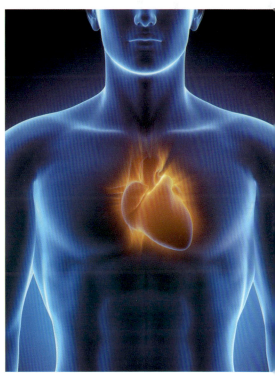

Mu Nai Yi
Xin Zang
Tiao Dong Zhi Mi

木乃伊
心脏跳动之谜

让世人为之震惊的发现

世界闻名的古埃及木乃伊不仅数目众多，而且保存完好，这实在让世人为之惊叹。到目前为止，人们已经在埃及这块神秘的土地上挖掘出了多少木乃伊，已无确切的统计。人们也无法估计在那里究竟还存在多少未被发掘的木乃伊。

随着一项项工作的展开，一具具木乃伊的出土，一个个新的问题层出不穷，一件件令人震惊、难解

远古科技名片

名称：心脏起搏器
类别：远古医学
证据：在木乃伊身体中发现心脏
　　　还在跳动
时间：2000年前
地点：埃及

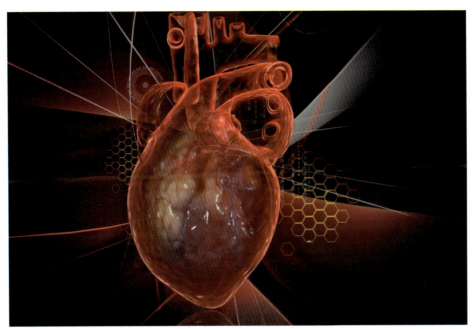

的蹊跷事也不断涌现出来。

在卢索伊城郊外出土的一具木乃伊里装有一个奇特的心脏起搏器，便让世人为之震惊。

在埃及卢索伊城郊外，人们将一具刚出土的木乃伊抬出墓穴，在准备将其交给国家文物部门收藏之前，先对其进行初步处理。这时一名参与处理工作的祭司在整理过程中，似乎觉得这具木乃伊存在某些与众不同的地方，于是他就仔细地检查眼前的木乃伊。让他大为吃惊的是，他发现从这具木乃伊体内发出了一种奇特的有节律的声音。他循着声音找去，发现声音是从心脏发出来的，仿佛是心脏在跳动时所发出的声音。

难道是这个死者的心脏还在跳

动吗？人们对此感到难以置信，因为这实在是不可能的。那么会不会是什么东西被藏到这具木乃伊的心脏里了呢？人们一时无法知道，因为他们还不敢去拆开那缠尸体的白麻布，只得原封不动地送到了地方诊所，地方诊所也不敢贸然处理这具奇特的木乃伊，随后，它被转送到了具有丰富经验的开罗医院。

两千年后仍跳动的起搏器

接到这具转送来的木乃伊后，开罗医院组织了一些经验丰富的专家对其进行检查，然而，他们仍然无法从尸体的表面查清声音存在的原因，于是决定进行解剖检查。

医生们将缠满尸体的白麻布拆开，对尸体进行了解剖，这时他们发现有一具起搏器位于尸体心脏的附近。这个能在2000多年后仍然跳动的黑色起搏器引起了医生们的极大兴趣，他们利用先进的仪器对其进行了测试，发现这个起搏器是用一块含有放射性物质的黑色水晶制造的。

在世界上现存的水晶中，人们从未见到过黑色的水晶，而只见过白色的和少数浅红色或紫色的水晶。

医生们发现，虽然这个2500年前的心脏早已干枯成为肉干，但它还是随着起搏器的韵律而跳动不止。它那"怦怦"的跳动很有节奏，每分钟跳动80下，人们可以清楚地听到。开罗医院随后将这一重大发现公布于众，

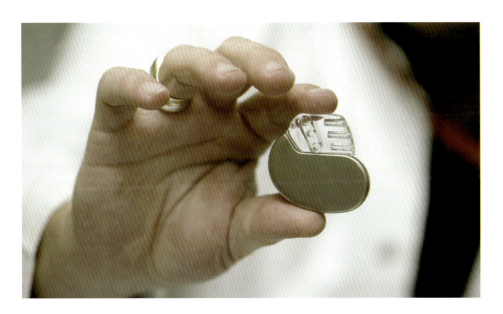

并将这个起搏器重新安放到木乃伊体内，让人们前来参观。这一惊人消息不仅吸引了众多考古学家，大批电子学家也对其产生了兴趣，他们从世界各地纷纷赶到开罗医院，对这具身藏心脏起搏器的木乃伊进行参观、探究。大家都对这个神秘的起搏器叹为观止，同时，人们也都提出了这个黑色的水晶来自何方的问题。

黑色水晶之谜

　　在2500多年前能够懂得黑水晶含有放射性的物质并可以使心脏保持跳动的是些什么人呢？另外人们又提出，作为协助心脏工作的心脏起搏器，一定是在人活着的时候被安放到人体内的。那么在古埃及落后的医学条件下，当时的人们又是如何将如此先进的起搏器放入人的胸腔里去的呢？专家们在这一系列难题面前陷入了深深的思考。有人认为，在文化发达的古埃及可能存在过一些具有特殊能力的术士，这一历史奇迹就是这些术士利用奇异的手段创造出来的。那么，这个黑色的水晶起搏器是由什么人制造并植入人体内，它到底来自何处呢？这个难解之谜只能留待后人来解开了。

Yin Di An Ren
De Ren Tou
Suo Zhi Shu

印第安人的
人头缩制术

与希瓦罗人的战争

公元前1450年前后，印卡部队在尤潘基的率领下攻打基多王国南厄瓜多一个省份，当时军中传说这一次征战意义重大。

本来印卡士兵全部训练有素、勇猛好战，但这一次是一帮特殊的希瓦罗族战士作为他们的对手，因此印卡部队不免有点犹豫。希瓦罗人对缩制

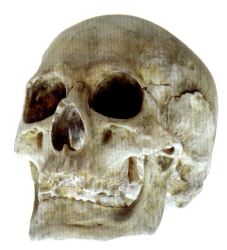

远古科技名片

名称: 缩头术
类别: 远古医学
证据: 历史记录
时间: 公元前1450年
地点: 南美洲

敌人人头很在行，并且喜欢砍下敌人脑袋留作战利品，人头被他们缩成拳头那样大小，死者不散的灵魂也永不得翻身。

印卡人倒不怕被人砍掉脑袋拿去当战利品炫耀，因为这也是他们的惯施之技。3000年前这种习俗在南美洲十分普遍，没有什么可奇怪的。但印卡人相信头脑内藏有灵魂，所以最怕灵魂受制不得脱身。希瓦罗人缩制人头为的正是要把敌人的灵魂牵制住。希瓦罗人在把人头缩制之前，仿佛要举行某种仪式，以使脑袋里的灵魂不能报复杀死他的人。

尤潘基取得了那场战争的胜利，可是希瓦罗人并不屈服，被打败后躲入丛林中。

为了炫耀胜利，别的部落民族战士才砍下敌人脑袋，而希瓦罗人却要举行仪式来缩小敌人的脑袋，使干瘪头皮困住敌人的灵魂，不再兴风作浪。否则，死者的灵魂即会报复杀害他的人。

希瓦罗人相信死者灵魂若不用这种方法禁锢起来，自己将永无宁日。因此，如果说希瓦罗人也有害怕的事物，就是敌人那逃掉的灵魂。

希瓦罗人是如何缩制人头的

希瓦罗人把人头缩小，整个过程大概需要6天。当然，这6天时间一部分是用于举行某种仪式，也因为肌肉需要几个阶段才能完全干缩。第一个步骤，也是最重要的步骤，是除去骨头，在颈项背面切开一道垂直的缝，然后像剥兔皮那样把头皮剥下，希瓦罗人将头骨、脑、眼睛和牙齿一起抛进河里，作为对森蚺的献礼。

跟着在好几个人警戒之下将头皮放到沸水里煮，水里也许放了某种收敛剂，使头发、眉毛不致脱落。头皮一煮便收缩到原来的一半大。刚从沸水捞出来的头皮很烫，所以要用一根棍子把头皮挑起来晾干，并将上下眼皮缝起来。

　　此时头皮呈淡黄色，有厚实感，摸起来有点像橡皮。希瓦罗族印第安人用烤热的卵圆石子进一步把头皮缩小，从颈部开口处一粒一粒放进头皮里面，抖动头皮使石子在内不停滚动，不让头皮某处太干而变形。

　　嘶嘶作响的头皮进一步收缩，而放进去的滚烫圆石也越晃越细小，面上汗毛必须烧掉，颈部切口周围则必须缝上细长结实的藤条，使之与头皮其他部分大小比例匀称。最后步骤是将热沙倒进头皮，等沙子冷却，头皮便变成拳头大小。再把嘴唇用3根硬木条穿起来，然后将嘴唇牢牢缝合。

　　在干缩工作完成前，还有几件事要做。一是用木炭将脸皮涂黑，使有意报仇雪恨的灵魂处于黑暗中。接着合上的眼皮之间嵌进红黑两色的豆子，使它看起来像有眼睛一样凸出，最后，在头皮顶上钻个孔用皮线把人头穿起来，挂在脖子上去参加庆功宴会。

An Cang Xuan Ji
De Gu Dai
Di Tu

暗藏玄机的古代地图

皮里·雷斯地图的发现

1929年，在土耳其伊斯坦布尔的托普卡比宫，发现了一张用羊皮纸绘制的古代航海地图，地图上有土耳其海军上将皮里·雷斯的签名，时间是1513年。

这张地图被送到美国鉴定，美国海军水文局绘图专家沃尔特斯和马利，把地图画上坐标，同现代化的地球仪进行对比研究后宣布了一个轰动一时的发现，这张地图绝对精确，不只是北美和南美沿岸，甚至南极洲也

远古科技名片

名称： 皮里·雷斯地图
类别： 远古测绘
证据： 发现一张用羊皮纸绘制的
      古代航海地图
时间： 公元1513年
地点： 土耳其伊斯坦布尔

被准确地勾画出来，这张地图不只画下了各大陆的轮廓，而且连内陆地形、山脉、高峰、河流、岛屿和高原，都标画得清清楚楚。

地图中的山脉几百年来一直被厚厚的冰层覆盖，肉眼无法看到，直至1952年，依靠地震回声探测仪才发现了它的存在，难道这幅地图是南极洲被冰封雪盖之前的产物？

一艘宇宙飞船飞经开罗，摄下了一张高空照片，以开罗为圆心的周围8000千米内的地貌非常准确，但是，因为地球是个球形，所以8000千米以外的大陆好像在下沉，而且被奇怪地拉长了，令人惊异的是，皮里·雷斯的地图正是如此，美国的月球探测器拍摄的照片也是如此！

难道皮里·雷斯的地图是根据一张高空拍摄的图片绘制的？是谁给他提供了这张原始照片

呢？而且，南极洲上的山脉，冰封雪盖，至少已有15000年，谁能了解15000年前的南极地貌呢？

皮里·雷斯地图是如何绘制的

皮里·雷斯地图是真实的文件，它是由奥斯曼土耳其帝国海军将领皮里·雷斯于1513年在君士坦丁堡绘制的。皮里·雷斯是一位著名的船长，同时又是一个旅游制图家和收藏家。

据他在自己的著名地图集和这幅地图的说明中说，该图是根据前人的20幅地图绘制的，这20幅地图中有8幅是绘制于距今2400年前的亚历山大大帝时代。这幅地图的焦点是非洲西海岸、南美洲东海岸和南极洲北海岸。

皮里·雷斯不可能从当时的探险家获取有关资料，因为直至1818年，在他绘制地图300多年后，南极洲才被欧洲人发现。还有地图上显示的一个穆德后地不被冰封的海岸，是一个难解的谜团。因为根据地质资料，穆德后地这个地区能在无冰状态下被勘测、绘图的最晚日期，是公元前4000年。有证据显示，该沿海地区在无冰状态中至少存在了9000年，然后才被扩大的冰层完全吞没。然而，历史并没有一个文明，在公元前13000年至公元前4000年之间，具有探测这段海岸的能力。历史学家认为，公元前4000年以前，地球上不可能有这样的文

明存在。

1531年，奥隆丘斯·弗纳尤斯绘有一张古地图，上面标出的南极洲大小和形状与现代人绘制的地图基本一样。这张地图显示，南极大陆的西部已经被冰雪覆盖，而东部依然还有陆地存在。

根据地球物理学家的研究，大约在6000年以前，南极洲的东部还比较温暖，这与弗纳尤斯的地图所反映的情况十分吻合。1559年，另一张土耳其地图也精确地画出了南极大陆和北美洲的太平洋海岸线，使人惊讶的是，在这张地图上有一条狭窄的地带，像桥梁一样把西伯利亚和阿拉斯加连在了一起，地图上所表示的无疑就是现在的白令海峡地区。

但是，白令海峡形成已经有10000多年了，西伯利亚和阿拉斯加中间的这条地带就是在那时消失在碧波万顷之下。不知为什么，这张地图的作者竟对10000多年以前的地球地貌了如指掌，简直令人不可思议。这些地图是否正确呢？长期以来人们一直争论不休。1952年，美国海军利用先进的回声探测技术，发现了南极冰层覆盖下的山脉，与皮里·赖斯的地图对照，二者基本相同。在震惊之余不禁产生疑问：在10000多年以前人们是如何绘制如此精确的地图呢？

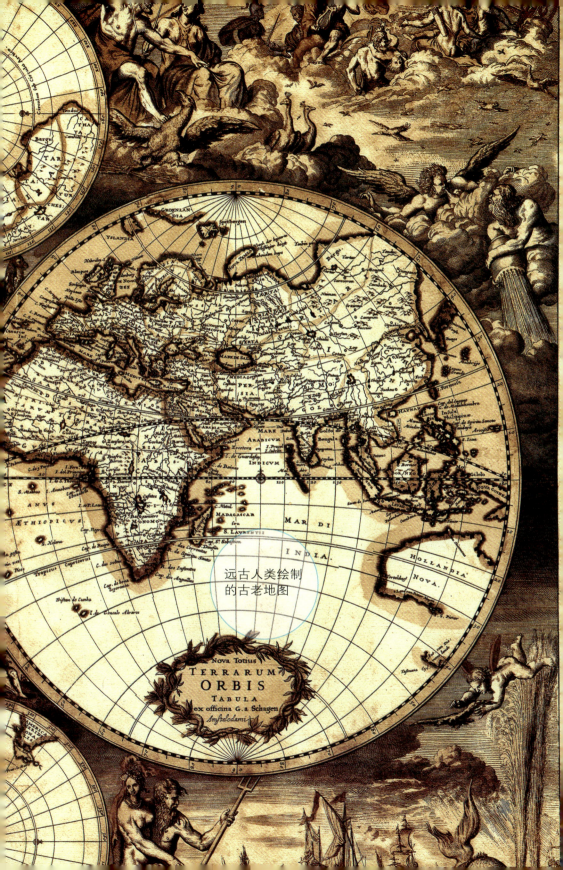

远古人类绘制
的古老地图

地图呈现给人们的困惑

皮里·雷斯地图呈现的是尚未冰封的南极洲海岸，而早在6000年前，这种无冰状态就已经结束，整个南极洲被覆盖在冰层之下。

皮里·雷斯在地图上亲笔承认，他从大量原始地图中搜集资料。作为蓝本的这些地图，部分是当时或不久前到过南极洲和加勒比海的探险家所绘制，其他则是公元前4世纪或更早之前遗留下来的文件。

1963年，美国新罕布什尔州基恩学院西方科学史教授查尔斯·哈普古德认为，绘制此地图所使用的原始地图，尤其是公元前4世纪流传下来的那部分，是根据更古老的地图绘制而成，而后者所依据的蓝本则更为古老。

他并强调，已有确凿的证据显示，早在公元前4000年之前，整个地球已被一个具有高度技术，但至今未被发现的神秘文明彻底勘测过，并绘制成地图，然后经由古代纵横世界海洋1000多年的迈诺斯人和腓尼基人流传到后代。这个神秘文明显然拥有先进的导航仪器，可以精确判断经纬度，其航海技术远远超越18世纪下半期之前的任何古代、中古或现代民族。

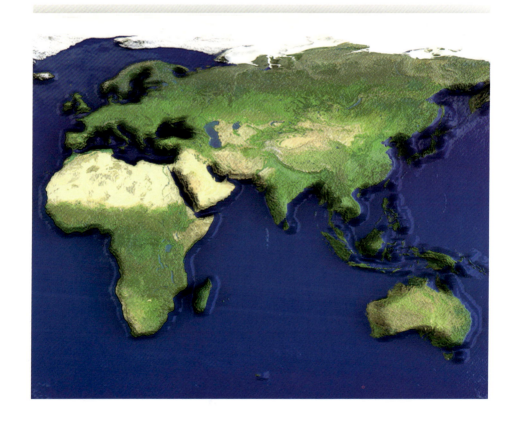

　　另外，地图对南美洲的地形也呈现得相当完整，它不但描绘出南美洲的东海岸，也勾勒出西部安第斯山脉，而当时的欧洲人还不知道这座山的存在。地图正确地显示亚马孙河发源于这条山脉，向东入海。

　　地图两次描绘亚马孙河：第一次，它将亚马孙河流经路线一直延续到帕拉河口，但玛拉荷岛却未出现；第二次，玛拉荷岛却出现在地图上，而这座岛直至1543年才被欧洲人发现。这个神秘文明似乎在好几千年的时期中，对改变中的地貌进行持续地勘探和测绘。

　　马尔维纳斯群岛是在1592年才被欧洲人发现，但它却出现在1513年的地图上，纬度正确无误。

　　地图还描绘出一座位于南美洲东边大西洋中，如今已不存在的大岛。它刚好坐落在赤道北边大西洋中部的海底山脊上，距巴西东海岸1300多千米，而今天这儿有两座名为圣彼得和圣保罗的礁石突出在水面上。

这难道是纯粹的巧合？或许相关的原始地图是上个冰河时期绘成的。那时候，海平面比现在低得多，在这个地方，可能真的矗立着一个大岛呢！这实在难以让人理解。

世界各国绘制的地图

奥伦提乌斯·费纳乌斯于1531年绘制的世界地图上的南极洲，整体形状和轮廓与现代地图所呈现的极为相像。地图的山脉形状不一，各有独特的轮廓，有些靠近海岸，有些位于内陆。河流发源于这些山脉，都遵循非常自然而可信的排水模式。

这显示地图绘成时，这块大陆的海岸还未被冰雪覆盖。尤其显示出穆德后地、恩德比地、维克斯地和位于罗斯海东岸的维多利亚地及马利伯德地被冰雪覆盖前的情况。然而，地图上所呈现的内陆，却完全不见山脉和河流，这意味内陆地区已完全被冰雪所覆盖。地图显示，最初绘制原始蓝本的人是生活在北半球最后一个冰河时期结束的年代。

18世纪，法国地理学家菲立比·布雅舍早在南极大陆被正式发现之前，绘制了一幅南极地图。地图呈现的是南极洲被冰雪覆盖前的真实面貌，揭示了如今被冰封的整个南极大陆的地形。

　　一条明显的水道将南极洲分成东、西两块大陆，而中间的分界线就是今天的"南极洲纵贯山脉"。如果不被冰层覆盖，这条连接罗斯海、魏德尔海和白令生海的水道，就确实可能存在。正如1958年"国际地球物理年"的调查所显示的，南极大陆是由一个庞大的群岛组成，而这些岛屿之间阻隔着厚达约2000米的冰块。公元前10000年左右，北半球各地的冰层消融，促使海平面上升。有一幅地图显示，瑞典南部覆盖着残余的冰山，而这类冰山当时普遍存在于这个纬度地区。它就是2世纪地理学家托勒密绘制的"北方地图"。

　　地图不但呈现当时普遍存在的冰山，也描绘出具有今天形状的湖泊及跟冰川非常相似的溪流，从冰山流注到湖泊中。在托勒密绘制北方地图的时候是历史上的罗马帝国时代，西方人根本不知道欧洲曾经存在过冰河时代。班扎拉航海图是由耶胡迪·伊宾·班扎拉于1487年绘制的。它显示冰山存在于比瑞典更南的地区，约和英格兰同一纬度，而它所描绘的地中海、亚得里亚海和爱琴海，显然是欧洲冰层消融之前的面貌。这幅地图上的爱琴海，拥有比今天多得多的岛屿。纵观这些神奇的古代地图，不可思议的是它们所呈现的地球地貌的所属年代，都是我们已知人类文明萌芽之前。那当时又是谁对南极洲、欧洲、南美洲……甚至整个地球持续了好几千年的勘探和测绘呢？

Ma Ya Ren
Fa Ming Le
Yu Hang Qi Ma

玛雅人发明了宇航器吗

神的恩赐

玛雅人的神话告诉我们，他们的一切文明都是一位叫奎茨尔科特尔的天神给予的，他们描述这位天神身穿白袍，是来自东方一个未知国家的神。他教会玛雅人各种科学知识和技能，还制定了十分严谨的律法。

据说，在神的指导下，玛雅人种植的玉米，穗长得像人那么粗大；神教人种植的棉花，能长出不同的颜色。这位天神在教会玛雅人这一切之后，便乘上一艘能把他带向太空的船，远走高飞了。而且，这位天神告诉玛雅人，说他还会再回来的。如果我们相信这个神话的话，那么玛雅文化现象也就有了确实的答案了。

远古科技名片

名称：宇航器

类别：远古航天

证据：发现玛雅人刻画的航天图
　　　案石板

时间：公元前1500年

地点：墨西哥高原

玛雅废墟中的发现

　　帕伦克位于墨西哥高原一个荒凉的山谷里。十多个世纪以来，当地人从未关心过那幢废弃并坍塌了的神殿。20世纪50年代，考古学家前来清理这个玛雅废墟时，他们从浮尘和苔藓中，发掘了一块沉重的、刻满花纹图案的石板。

　　石板上刻绘的图画，既神奇又夸张，一个人像驾驶摩托车似的，双手握着某种舵向似的把子，围绕在四周的是各种装饰性的花边图案。当时考古界的解释是，这是一件充分展示玛雅人想象力的图画。

　　20世纪60年代以来，美苏两国竞相发射各种航天火箭，载人的和不载人的宇航器械频繁地在太空穿梭。当宇航员行走于月球和太空的照片不断传回地面后，科学家们大吃一惊。帕伦克那幅图画，哪里是描绘古代神话，分明是一幅宇航员操纵火箭遨游太空的图案。

　　当然，一切已经变了形，走了样，我们无法弄清楚当年那些玛雅工匠们，是凭着怎样一幅照片，临摹的只有今天才可能出现的图像：一位宇航

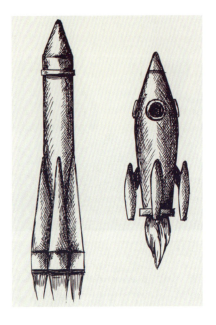

员控制着舵向，两眼盯着仪表。这的确是玛雅人仿制的作品，因为那位宇航员的模样多少有些像玛雅人，或许，玛雅人认为他们自己有朝一日也能遨游太空。

古代的宇航器

尽管玛雅工匠在雕刻时使排气管道弯曲变形为一种装饰性的花边框架，各种仪表、环状物和螺状物，都顺形就势艺术化地被处理成各种图案，但一切仍清晰可见。这个运载工具呈前尖后宽的形状，进气口呈沟状凹槽，操纵杆与脚踏板，以及天线、软管，仍被生动地描绘出来。

据说当这件作品照片被送往美国航天中心时，那些参与航天器材研制的专家无不惊奇地叫了起来："了不起！这是古代的宇航器！"

太令人惊讶了，要知道古代是没有，也不可能有宇航器的。那么，远

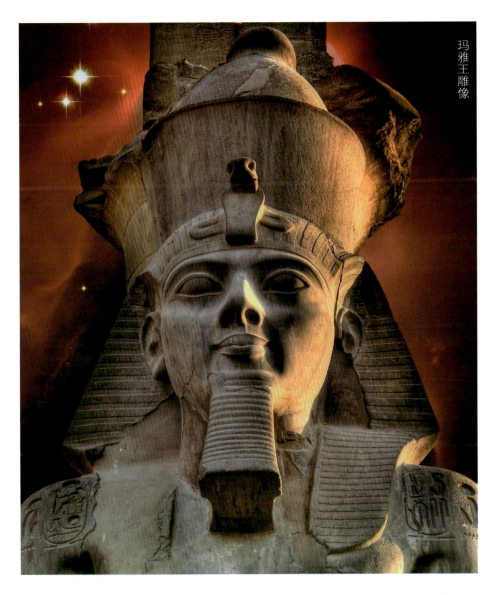

在古代的玛雅人是怎么了解航天奥秘的？又如何描绘出宇航员蛰居窄小的驾驶舱，紧张操纵飞船的情形？

在遥远的古代，南美这片热带丛林里可能有过一批来自外星球的智能生命，他们在玛雅人顶礼膜拜的欢迎中走出了自己的飞船。他们教给了玛雅人历法和天文知识，并向他们展示了自己的运载工具，向他们传授了农耕的各种知识，然后飘然而去。临行前也许有过重访美洲的允诺，但其中的真相到底为何，也许在科学家的苦苦追求之中会有一天大白于下的。

远古的计算机

远古科技名片

名称：远古计算机

类别：远古计算机

证据：发现由活动指针、刻度盘、齿轮和文字组成的机器

时间：2000年前

地点：希腊安蒂基西拉海峡

海底的惊人发现

1900年，一位以采集海绵为职业的希腊潜水员，在安蒂基西拉海峡的水底，发现一个巨大的黑影。他游过去一看，不由大吃一惊。原来，这是一艘古代沉船的残骸。这个意外的发现使他高兴万分，他再度潜下水，仔细察看，发现古船里装有大理石雕像和青铜雕像。不久这条沉船被打捞上来。

经专家考证，这是一艘沉没水下已达2000年之久的古船。也就是说，它在公元初就沉没了。船上珍贵的古代艺术珍宝马上得到挽救和保护。

然而，奇迹很快就发生了，那是在工作人员分析、清理船上物品时发现的，在没有用的杂物中有一团沾满锈痕的东西，而它的价值远远超过了所有雕像。经过认真地处理，人们发现那里面有青铜板，还有一块被机

械加工的铜圆圈残段，上面刻有精细的刻度和奇怪的文字。专家们马上意识到这圆圈非同一般，古代船上怎么会有这样的东西呢？

一台真正的机器

经过两次认真地拆卸、清洗之后，专家们更加惊叹不已。摆在他们面前的那许多的细节部分清洗后显出的原形，竟是一台真正的机器，这台机器是由活动指针、复杂的刻度盘、旋转的齿轮和刻着文字的金属板组成的，经复制发现它有20多个小型齿轮，一种卷动传动装置和一只冠状齿轮，在一侧是一根指轴，指轴一转动，刻度盘便可以各种不同的速度随之转动。指针被青铜活动板保护起来，上面有长长的铭文供人阅读。

此后，科学家又找到了80多片该机械的残骸碎片。据研究，这个青铜装置由三个主要的部件和其他一些小器件组成，可能是由于曲柄的活动才使得这个装置经过了这么长时间仍然保持得比较好。就当时的情况来说，它无疑是20世纪最伟大的考古发现之一。

美国学者普莱斯用X光检查了这台机械装置，认为它是一台计算机，用它可以计算太阳、月亮和其他一些行星的运行。据检测，它的制造年代是公元前82年。

这不能不令世人感到惊异。要知道，计算机是1642年才由帕斯卡尔发明的，而且当时他制造的计算机械准确度很差。虽然人们公认希腊人是古代最有智慧的民族，但这台古代计算机的出现，还是令人感到不可理解。

还有，这个机械装置全部是由金属制成的，使用了精密的齿轮传动装置。而人们都知道金属齿轮传动是在文艺复兴时代才使用的。而制作它时必须具备的车、钳、铣、刨等机械加工工具在古希腊都是根本就不存在的。

科学家们的争议

1902年，科学家史泰斯宣布：这件装置是古希腊的一种天文仪器。他的看法随即引起了学术界的争论，并且这种争论持续达百年之久，至今尚未有定论。

历史学家开始认为，古希腊不可能有这么高超的机械工艺，虽然在数学方面成就显赫，但古希腊并没有机械制造技术。这一被称作"安地基西拉"机械装置的发现，似乎要打破这一固有的观念。

其后数年间，出现了几种不同意见：有人认为，那个如便携式打字机一半大小的机械装置是星盘，是航海的人用来测量地平线上天体角距的仪器；有的人认为可能是数学家阿基米德制造的小型天象仪；有的人认为机

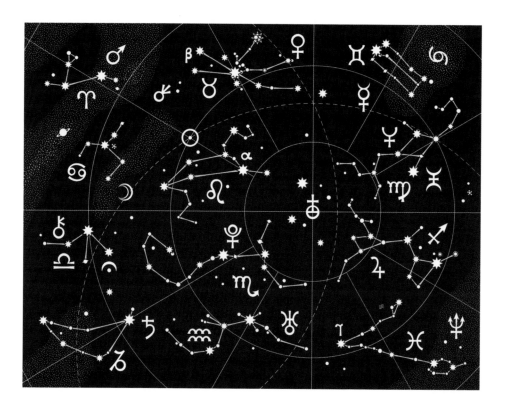

械装置如此复杂，不可能是上述两种中的任何一种；最保守的学术界人士甚至认为，机械装置是千年后从其他驶经该海域的船只上掉下去的。

　　而现今科学家是这么认为：安地基西拉机械装置又名罗得斯计算机，也称希腊齿轮天象测计仪，此仪器依据数学原理制成，可模仿天体运行。安地基西拉机械装置虽然很像现代时钟，但它是一种天文仪器，有些专家认为使用这些装置的人可能不是天文学家，而主要是占星家。

现代仪器的鼻祖

　　普莱斯教授把它比作"在图坦哈门王陵墓中发现的一架喷气式飞机"，这的确是一项前所未有的重大发现。有些人还在坚信，制造这个机械装置的根本不是古希腊人，而是来到地球上的外星球人。

　　无论怎样说，从另一方面，由于安地基西机械装置重见天日，改变了世人对古希腊科技发展缓慢的固有观念。现在，专家们也承认机械工艺是希腊科学的一个重要组成部分，这个机械装置也无疑是现代仪器的鼻祖。

计算机之谜

于是人们不得不面临这样一个问题：这台安地基西拉机械装置到底是谁制造的？有人说，如果它确是古希腊人制造的，那么人们对古希腊科学技术的理解恐怕要彻底改写。但在古希腊和其他一切古代民族的文献中，从来没有任何关于计算机机械的记载。如果它不是古希腊人所造，那么必定出于远比古希腊人更有智慧，科学技术和工艺水平也要高得多的智慧生命之手。

科学家们的研究

负责这项研究的是一个由希腊和英国科学家们共同组成的研究小组，他们分别来自雅典、萨洛尼卡、加的夫和雅典国家考古博物馆等。

研究员们发现这个青铜装置记载了2000多年前古希腊人见过的许多神秘现象。参与了这项研究的来自雅典大学的研究员亚尼斯·比特萨奇斯说："这个装置中的记载有很多，我们已经破译了95%，共计1000余篇，我们可以从中了解到许多原来我们不知道的东西。"

扫描结果显示，这个装置最初被放置在一个矩形木框中，木框上有两扇门，上面注有使用说明。位于安地基西拉机械装置前端的是一个单独的刻度盘，上面是古希腊人绘制的黄道十二宫图和一个古埃及日历。后面则是两个刻度盘，显示的是有关月球运动周期和月食的信息，整个装置靠一

个手动曲柄驱动。据分析，安地基西拉机械装置能够跟踪水星、金星、火星、木星和土星等当时已知的所有行星的运动、太阳的方位及月球的方位和盈亏。在装置后面一个跨度19年的日历上，研究人员设法读取了所有月份的名字。月份名字均是科林斯式，说明安地基西拉机械装置可能是在位于希腊西北部或西西里的锡拉库扎的科林斯殖民地制造的。锡拉库扎是大名鼎鼎的数学家阿基米德的家乡。在制造安地基西拉机械装置时，罗马人已经控制了希腊的大部分地区。美国古代世界研究所的亚历山大·琼斯教授说："很多人一定会将这个装置与伟大科学家阿基米德联系在一起，他生活在安地基西拉，公元前212年去世。但这个装置最有可能是在他去世后很多年制造的，它应该与可能由阿基米德发明的一系列科学仪器有关，或者说在它们的基础上制造的。"

第一个对这一青铜装置进行研究的是英国历史学家德勒克·普拉尔斯，他在20世纪60年代就提出了关于这一青铜装置用途的假说，但是科学家们不久后就对他的理论提出了许多疑问。

迈萨斯说："在这样的一个器物中能蕴藏着这么多天文学及数学的知识，这让我们感到非常惊讶。随着我们对这件青铜装置的研究的深入，相关的历史也将被改写。因为我们此前一直认为古希腊人在应用技术知识方面非常匮乏，但现在看来，事实似乎不是这样的。"

Si Qian Liu Bai
Nian Qian De
Xian Dai Jia Dian

四千六百年前的
现代家电

陵墓中的发现

在神秘的古埃及，有许多诸如金字塔、法老魔咒等人类难以解释的现象，然而这还不够，人们又在古墓里发现了长明电灯和远古彩色电视机。

在古埃及金字塔建筑群中，规模最大、最高的一座是距今有4600年，在开罗近郊吉萨建造的古王国第四王朝法老胡夫的陵墓，该金字塔内结构极为复杂和神奇，里面装饰着雕刻、绘画等艺术珍品。

让人感到奇怪的是，在漆黑不见五指的墓室和通道里，这些精致的艺术作品是靠什么照明来进行雕刻和绘画的呢？假如让我们猜想的话，在远古时代中火把或油灯一定是自然而然的照明用具了，但是，当时如果真的是使用火把或油灯，那么，在里面一定会留下一点火把或油灯的痕迹。

经过现代科学家用世界上最先进的现代化仪器分析，得出这样一个不可思议的结果。那就是，在墓室和通道里积存了4600多年之久的灰尘，经全面细致和科学化验的分析，竟没有发现一丝一毫使用过火把和油灯的痕迹。

科学家们猜想，给古埃及艺术家们提供照明的根本不是火把和油灯，而是另外某种特殊的能够发出足够光亮的电气装置和照明设备吗？距今4000多年前的古埃及人竟知道现代电灯照明的原理吗？

两千年前的明灯

史料确切记载，1401年，考古学家在意大利罗马发掘一座帕拉斯古墓时，发现墓室被一盏明亮的灯照着，经推断，这盏灯在墓室中已经亮了2000多年而没有熄灭，考古学家进入墓门之后，这盏灯才自动熄灭了。

1845年4月，考古学家又在罗马附近发现了一位古代女子的石棺，她的全身肌肉还没有腐烂，像活人一样栩栩如生。在刚开启这具石棺时，考古学家们不禁呆住了：石棺内竟有一盏明亮的古灯，这古灯至少在棺内亮了1500年之久而没有熄灭。

为什么在已经掩埋、密封了1500多年的坟墓中竟会有燃着的古灯呢？从发现的这两盏古灯外表上看，与现代的电灯不同，科学家推断其发光的原理和现代电灯有一些

相似之处。

古墓中照明古灯的发现，说明远在几千年前，可能某些古人已经制造出了某种特殊的照明设备和能让古灯永放光芒的电气装置了。只是，查遍现存史料，都找不到有任何试制电器的历史记载。

很多人据此认为：古人绝对不可能有如此高超的电气技术，这些古灯，很可能是当时比地球上发达的天外来客留在地球上的作品。由于发现古灯的时代受到科技的限制无法对古灯进行深入的研究和探索，因而，这些古灯的光亮成了我们无法揭晓的谜团。

四千年前的彩色电视机

考古学家又在埃及尼罗河畔一座从未有人发掘的距今约4000多年的古墓中，竟发现了一台完好无损的远古彩色电视机，这无疑又为古代电气的

神秘来源蒙上了一层疑团。

这台被发掘出来的电视机只有一条线路，也就是说只能接收一个电视台的节目。

另外，它有4个三角形的荧光屏，屏的四周都镀上了黄金，它的内部机件竟是目前最先进的钛金属制造成的，质地极为坚固，它的动力来源可能是太阳能电池。经科学家通过碳-14年份的鉴定，证明它已有4200年以上的历史。

4000年以前的古埃及人不可能拥有现代制作彩电的材料，更不可能具有这么高超的工艺水平来造出这台电视机，那么，这台彩电到底出自谁人之手呢？这个答案有待科学家的进一步研究。

Shen Mi De
Fu Huo Jie Dao
Shi Xiang

神秘的
复活节岛石像

复活节岛的发现

复活节岛是智利的一个小岛，距智利本土3600多千米。

1722年荷兰探险家雅可布·洛吉文在南太平洋上航行探险，突然发现一片陆地。他以为自己发现了新大陆，赶紧登陆，结果上岸后才知道是个海岛。正巧这天是复活节，于是就将这个无名小岛命名为复活节岛。1888年，智利政府派人接管该岛，说来也巧，这天又正好是复活节。

复活节岛呈三角形状，长24千米，最宽处17.7千米，面积为117平方

远古科技名片

名称: 复活节石像
类别: 远古雕塑
证据: 发现复活节岛600尊石像
时间: 2000年前
地点: 智利

千米。岛上死火山颇多，有3座较高的火山雄踞岛上3个角的顶端，海岸悬崖陡峭，攀登极难。

矗立在岛上的巨人石像

　　一提起复活节岛，人们首先想到的是那矗立在岛上的600多尊巨人石像。石像造型之奇特，雕技之精湛，着实令人赞叹。人们不禁要问，这么多的石像是什么人雕琢的？雕琢如此众多的石像的目的是什么？是供人瞻仰观赏，还是叫人顶礼膜拜？

　　近些年来，一些国家的历史学家、考古学家和人类学家都曾登岛考察，企图弄个水落石出，结果虽提出种种解释，但也只能是猜测，不能令人信服。

　　复活节岛上的石像，一般高7米至10米，重达30000千克至90000千克，有的石像一顶帽子就重达10000千克之多。石像均由整块的暗红色火成岩雕琢而成。所有的石像都没有腿，全部是半身像，外形大同小异。石像的面部表情非常丰富，它的眼睛是专门用发亮的黑曜石或闪光的贝壳镶嵌上的，格外传神。个个额头狭长，

鼻梁高挺, 眼窝深凹, 嘴巴噘翘, 大耳垂肩, 胳膊贴腹。

　　岛上所有石像都面向大海, 表情冷漠, 神态威严。远远望去, 就像一队准备出征的武士, 蔚为壮观。面对这一尊尊构思奇巧的巨人石像, 人们自然会有一连串的疑问: 石像雕于何时? 如此高大的石像又用什么办法搬到海滨? 一些尚未完工的石像, 又是遇到什么问题而突然停了下来? 为揭示这些谜, 科学家们进行了长期调查, 对于一些问题已有了初步的答案。

揭开巨石之谜

　　据有关学者考证, 人类登上复活节岛始于1世纪, 石像的底座祭坛建于7世纪, 石像雕琢于一世纪以后。至12世纪时, 这一雕琢活动进入鼎盛时期, 前后历经四五百年。大约至1650年前后雕琢工程停了下来。

从现场环境看，当时忽然停工的直接原因可能是突然遇到天灾，比如说火山喷发，或是地震、海啸之类的自然灾害。至于石像代表了什么，多数学者认为，可能是代表已故的大酋长或是宗教领袖。

接下来的问题是石像是怎么运到海边的。在岛的东南部采石场，还有300尊未雕完的石像，最高的一尊高22米，重约40万千克。如此巨大的石像在那个时代，仅靠人力和简单的工具是运不走的。据当地人传说，要运走这些石像，是靠鬼神或火山喷发的力量搬到海边的。还有的说，是用橇棒、绳索把躺在

山坡上的石像搬到大雪橇上，在路上铺上茅草芦苇，再用人拉、棍撬一点一点移动前进的。但是，一些考古学家真的组织人这样做了，结果证明行不通。因此，复活节岛对于旅游者来说，仍然是一个很神秘的地方。

复活节岛上复活的文明

大洋中间的复活节岛是一块三角形岩石，东北部高出，面对着波利尼西亚小岛群。西南部地势平缓，与智利海岸遥遥相对。三角形的每个角上各有一座火山。左边角上是拉诺考火山。右边是拉诺拉拉科火山，这座火山的斜坡上有岛上最大的巨型石像

群。北方角上是拉诺阿鲁火山，它与特雷瓦卡山相邻。岛上的居民几乎都住在靠近拉诺考火山一个叫汉加罗的村庄里。

复活节岛是迄今唯一一个发现有古代文字的波利尼西亚岛屿，这些文字的意义至今仍是不解之谜。

尽管局限于如此之小的地球区域，而且仅被少数的当地居民使用过，但这些文字都是一种高度发达的文明之佐证。这些人是谁？他们什么时候来到这座岛屿？来自何方？是他们带来了自身的文明和自己的文字吗？这些深奥晦涩的符号曾经是要表述一种什么样的情感、思想和价值？

最后一群知情者的意外死亡

复活节岛于1772年被荷兰商船队长雅各布·罗格温发现，厄运从此开始。那时岛上的人口是4000人，1863年减至1800人，至1870年只有600人，而5年之后仅有200人，至1911年时也不过稍多一点。复活节岛上唯一的资源就是人力和少数几块农田。

1862年，一支贩运奴隶的海盗船队从秘鲁出发，来此寻找挖鸟粪的工人。他们掠走了1000多岛民，包括他们的国王凯莫考，他的儿子莫拉塔和那些能读懂称为石板文字的老人。

复活节岛上的
神秘石像

驻利马的法国领事最终将100多个被贩卖的岛民遣返回岛。但那时他们都已染上了天花，并且回去之后又传染了其他岛民。或许复活节岛文字的秘密就是随着这场灾难性的传染病的受害者一起被埋葬了。

神秘木简上的天书

人们最早着手研究这些文字遗迹是在1864年至1886年，那时他们试图把这些符号加以分类或是把他们与其他未经破解的文字，和古印度文字加以比较。这些破译的尝试分为三个阶段，每一段都与一个象征复活节岛一段历史的图形和一个特定的木简相关联。

当1866年法国商船"坦皮科号"停泊在复活节岛近海时，岛上约有1000居民。这艘船的船长是迪特鲁·博尔尼耶，随船前来的有传教神夫加斯帕尔·赞博。

两年后，迪特鲁·博尔尼耶在岛上定居下来，与岛上女王科雷托·库阿普伦成婚，或者更准确地说，是挟持了女王，并与一个叫约翰·布兰德的盎格鲁·塔西提混血人结成一伙。

1868年，赞博神夫决定返回瓦尔帕莱索。由于他将途径塔西提，岛民请他带给主教德帕诺·若桑一件礼物以表敬意。这件礼物是用100米长

的发辫绕成的一个巨大的球。当礼物解开后，展现在主教面前的，是一块有奇怪符号的木简。

传教会里有一位年长的岛民乌鲁帕诺·希那波特解释说，那是石板文字，是记录岛上最古老传统的木简。但自从如道这些符号秘密的老人去世后，就再没有人能解释出来了。主教给仍留在岛上的传教士希波利特·鲁塞尔神父写信，要他尽其所能寻找这些木简并送给他。

鲁塞尔送了6块给他，随附注记说，上面的符号很可能什么都不表示，岛民也不知道他们表示什么，而那些宣称知道它们含义的人都是骗子。

但这位主教深信这是个重要的发现，并且他终于在塔西提一个种植园里找到了一个能解这些木简的人梅特罗·陶·奥尔。主教刚把其中一块有几何、人形和动物图案的木简给他，他就开始吟唱宗教圣歌，很明显是在读那些符号，从下往上，从左至右，并在每一行结束的时候把木简翻过来，接着读下一行。

这是一种叫"牛耕式转行书写法"的变种，字面意思是说，像牛耕地时那样转换方向，类似于某种古希腊碑文，行与行逆向书写。不幸的是，不管把哪一块木筒给他读，这个人唱出的都是同样的东西。最后，老人坦白承认，岛上没有人能看懂这些符号。

1870年，智利"沃伊金斯号"海船船长伊格纳西奥·加纳抵达复活节岛时，迪特鲁·博尔尼耶把一根刻有符号的当地首领的拐杖送给他，专家们认为这是现存的最好的石板文字范例。

加纳把这根拐杖，连同两块刻有符号的木筒送给了自然历史博物馆的学者鲁道夫.菲利皮，并解释说，复活节岛民对这些符号如此敬畏，显然这些符号对他们极为神圣。

菲利皮立即把木筒的石膏模型送给世界各地的专家。但没有一位被请教的专家能找到这些神秘符号的答案。

不可能破译的灵魂

威廉·汤姆森是"密歇根号"美国轮船的事务长，这艘船1885年停靠复活节岛。3年来，美国国家博物馆出版了他的介绍复活节岛历史的著作，那是

当时最为详尽的关于该岛的记述。

在到达复活节岛之前，"密歇根号"停靠塔西提。在那里，汤姆森拍下了主教收藏的木简的照片。一到复活节岛，他就四处寻找能翻译这些符号的岛民。他遇到了一位叫乌尔·韦伊克的老人，一看到这些木简的照片，老人就开始很快地吟唱。就像梅特罗·陶·奥尔，他似乎不是在读这些文字。

专家们现在认为复活节岛上的这些符号有些可能是单词，或许它们只是些符号，帮助把口头传诵的传统传递下去，尤其是使家族系谱记录代代相传。在今天，它们仍是奉献给静默之神的诗篇。

Xing Xiang
Ge Yi
De Shi Xiang

形象各异的
石像

发现不同人头像

在哥伦布到达美洲之前，美洲一直是印第安人的家园。但是，令人百思不得其解的是，在墨西哥和南美一些地方发现的古代艺术品中，竟出现了陶制或石制的其他种族人物的头像。在墨西哥的特南哥地方，曾发现过一个奥尔梅克文化时代雕刻的翡翠人头像。

虽然该头像的鼻部已经破损，但人们从其扁平的脸形、并不凹陷的眼窝、眉毛前额和颧骨的特征，仍然一眼就能看出，这是个中国人的头像。

在危地马拉发现的另一个石雕人像，也明显地具有中国人的特征。而在墨西哥的委拉卢克斯发现的另一个石雕人头像，一看就是个非洲黑人。

名称：石像
类别：远古工艺
证据：美洲发现亚洲、非洲雕像
时间：公元14世纪
地点：南美洲

那厚厚的嘴唇，圆圆的前额，明显地表现出尼格罗人种的特征，而与美洲印第安人的相貌则完全的不同。在危地马拉还发现过一个石雕人头像，鼻梁又高又直，下巴上蓄着长长的胡子，看上去像个闪族人，有人认为这是石器时代腓尼基人的雕像。

雕像是如何而来

按常理说，艺术是生活的反映，古代美洲的印第安人很难雕出自己完全不熟悉的种族的人像，那么这些没有在美洲生活过的人的雕像是怎么来的呢？

关于古代中国人曾到过美洲的说法由来以久，史前腓尼基人曾到过美洲的传闻也有人相信。但是，这些毕竟还都是尚未证实的假设。

最难理解的是那个非洲黑人的头像，唯一可能的解释是：黑人可能作为古代腓尼基人船队中的划桨奴隶。而且，就算有这样的事，又有谁会专为一个划桨奴隶雕塑头像呢？

美国神秘石像

美国北卡罗来纳州山谷发现神秘石头像的消息传开后，考古学家们为之震惊。因为这些石头像与远离美国8000多千米的南太平洋复活节岛上的大型石雕像基本相同。

奇怪的是这种在整块巨石上雕刻的雕像用的是松软火山岩材料，这在美国是罕见的。它意味着石像是在哥伦布1492年发现美洲新大陆前一世纪，就由人从复活节岛移到美国。

"这是考古学上一项惊人的发现！"理查德·克拉特博士说，他所率领的考古小组于1994年10月28日，首先发现这些神秘石像。由于两地石像十分相似，使考古小组相信它们出自同一批雕刻者之手。

两地石像都以火山岩"泉华"为材料，这种"泉华"在复活节岛俯拾皆是，而美国却没有。由此可得出有人把石头像搬到美国的结论。然而，如此巨大的石像是怎样移至美国的，这是一个谜。

这些石头像大小不一，小的高3米多，大的却高达12米多，足有50吨重。克拉特博士及他的考古队在离公路31千米处一个封闭的山谷里发现了第一个石头像，它面向北方。

不久，考古队又发现了一个埋在土石下的石头像。最后在特种扫描仪协助下，他们发现了山谷里埋藏着的23个石头像，它们排列成半圆环形状。这种排列似乎与宗教有关，但却无法证实。

克拉特博士说："复活节岛上的

石像也排列成一种特殊队形，而人们无法考证为何要把石像排成如此队列？"专家们猜测，包括波列尼西亚人和神秘的远东人在内的有关民族于1300年前发现复活节岛，在岛上立起石像，其目的是为吓唬入侵者和讨上帝欢喜。但这些人或他们的后代会去美国东部冒险吗？

克拉特博士不想向外界透露石像的确切位置，以免遭到记者和游客干扰。随着寒冬来临，他决定暂搁置挖掘工作，直至来年春天。

与此同时，专家们则可利用这段时间研究印第安传说，看看此间是否有外来者涉足这个山谷，以及美国石头像与复活节岛上石像有何联系。人们期待着这项研究工作能有新的发现。

中国新疆草原石人之谜

在中国新疆北部的草原上有一些石雕人像，但是这些石人来自何方，是谁人所为，何时所做，是哪个民族或部落的文化遗产？学术界至今还没

有揭开这些谜底，在人们心中仍然是一个问号。

　　这些石人都是用整块的岩石雕凿而成。从外形来看，大都是全身像，头部、脸型和身躯雕刻得生动逼真。近年在博尔塔拉蒙古族自治州温泉县境内阿尔卡特草原上发现的阿尔卡特石人，就是用一整块白沙岩石雕凿而成的。其头部雕琢出一个宽圆的脸庞，高高的颧骨，一双突起的细长眼睛，嘴唇有两撇八字胡须。

　　身上雕琢出翻领大裕袢，腰部束一根宽腰带。右手拿一个杯子举在胸前，左手按着一把垂挂在腰际的长剑。脚部刻画出一双皮靴子。石人的脸部表情严肃，仿佛是威武的将士在保卫和巡视着周围的草原。

　　这些来历不明的石人吸引了来自世界各地的考古学家，而研究历史的学者们也在积极探讨这些石雕作品的"来龙去脉"，希望它不久能真相大白，以另外一种姿态出现于世人的面前。

不可思议的
史前艺术

拉马什的石版画

　　法国学者彭卡德与古生物学者罗夫在拉马什山洞挖掘出1500个石刻图案的石板，画中人物的衣着装扮与中古欧洲人雷同。这些石板也曾被认为是现代人伪造，理由是："这些石版画太现代化，太复杂了，画得太好了，很难说服人这些画是洞穴的原始人画的。"

　　罗夫解读了其中一个在拉马什发现的石刻图形的石板，他原先认为是一个一边跳着舞一边演奏的小提琴表演家。然而这个小提琴表演家的大腿

远古科技名片

名称：史前艺术
类别：远古艺术
证据：发现石版画、彩陶、壁
　　　画等
时间：6000年～1.4万年
地点：法国、中国、非洲

上似乎系着一支类似枪的东西。14000年前的原始石版画上怎么会有枪呢？真是令人难以理解。

江西发现史前鹅卵石路

　　堪称"江西第一路"的老虎墩遗址发现史前时期铺设的鹅卵石路。这段长4米、宽0.90米，用鹅卵石铺成的路段位于江西省靖安县北潦河支流小南河流域，距离震惊全国的李洲坳东周古墓及郑家坳新石器时期晚期古墓群均约5000米。

　　这里是从2009年6月开始发掘的一个面积约600平方米的考古遗址。当时，已经出土了各类陶器、石器文物1000余件。

　　据考古人员介绍，这条路段被压在新石器时期的小墓下方，综合同一发掘层所出土的文物情况，可以推断这条鹅卵石路属于6000年前的史前时期。在发掘现场，这条路段周边还有一些红烧土的遗存，

可见该路周边曾经是一些建筑。

白贵妇画像之谜

纳米比亚位于非洲大陆西南部，纳米布沙漠为一狭长的沙丘和裸石带，地跨南回归线，是世界上最干旱的地区之一。

由于这里长年无雨，造成气候异常恶劣。地表荒凉，基岩裸露，许多山区几乎被无边无际的流沙所覆盖。

一些沙丘竟高达250米，长达几十千米，成了不毛之地。布兰德山海拔2600多米，是全境最高峰。举世闻名的非洲岩画——布兰德山的"白贵妇"，就是在这

样的荒漠深处，吸引了世界上无数困惑不解的目光。

1927年，一位法国工程师在布兰德山边发现一个绘有岩画的古代人类栖息地。据考证，这些岩画绘于公元前6000年左右。有一幅岩画描绘的是妇女们参加游行的场面。然而令人不可理解的是，画面上除了几个土著黑人妇女之外，竟还有一位现代打扮的白人女郎。

她肤色白皙，姿态典雅，身穿短袖套衫和紧身裤，发型与现代女郎完全相似。头发上、胳膊上、腿上和腰部还都装饰着耀眼的珍珠。

当著名考古学家艾贝·希留尔经鉴定宣布它是7000多年前的真品

时，人们都陷入时间和空间的迷茫之中。

据考证，人类穿衣服的历史不过4600多年。许多土著黑人的穿着现在也并不是十分精细考究。远古时代的纳米比亚人何以能够超越时空，准确无误地画出几千年后另一种族的人物形象及服饰呢？他们真的有超时空的力量吗？难道这些真的是奇迹吗？

创世纪生灵之谜

在澳大利亚的南部一个洞穴里，人们发现了一幅奇怪的古代壁画，壁画的主角是一个身穿长袍、头戴圆形盔的人物。圆形盔上只露出两只眼睛，使人看不见他的面目。盔外面写着一些没有人能够辨识的文字。在这个人物左边，画着62个小圆圈。这些小圆圈不规则地分成3排，最靠左一排有21个小圆圈；中间一排最多，有24个小圆圈；靠近人物一排最少，只有17个小圆圈。

在澳大利亚的热带原始森林的洞穴里面，也发现过一幅耐人寻味的远古图画：画中的情形与前者十分的相似，他们头上也戴着圆形盔，盔上带有4根长长的触角。但他们身上穿着密封的紧身衣而不是长袍和带有宽腰带的工装裤。在他们头上，也刻有一些令人莫名其妙的文字，澳大利亚土著人将之称为"两个创世的生灵"。

人们都知道,澳大利亚土著人不可能单凭想象虚构出洞穴壁画上的长袍、紧身衣和工装裤,而壁画上那些无人知晓的文字,同澳洲土著人的文字相差甚远。有人声称,壁画上人物头戴的圆形密封盔,同非洲撒哈拉岩画及南美玛雅人绘画中一些头戴圆盔中的形象十分相像。而这些圆形盔又与现代宇航员的服装相似。

因此有人认为壁画上的形象是访问过地球的外星人,那两个"创世的生灵"头盔上的4根细触角,也被解释为宇航头盔上的天线或信号接收器。当然也有人不同意这种关于外星人的说法,但又找不到别的更令人信服的解释。还有那离奇的文字和62个小圆圈究竟是什么意思?至今也没有人能够回答。

神秘的史前巨型图案之谜

在英格兰西部伯克郡乌芬顿堡的山坡上,有一座创作于公元前200年

的白马浮雕。这匹白马长达100米,高40米,此马神形兼备,貌似驰骋,横跨一座山坡上,气势雄伟。说来简直令人难以置信,这是古代先民采取刮去表层的土后,露出下层的白垩层而雕刻成的。

附近的村民们每隔6年聚集一次,为白马铲除杂草修缮环境。至今这匹白马还完好如初,尽管人们惊叹地欣赏它,但却不知道它的确切含意。不知道它到底是象征,还是一件伟大的艺术品。

在美国佐治亚州有一个巨大的土丘,已有1500年历史。土丘顶上有一只用石块堆砌成的巨鹰,展翅宽达40米,仿佛就要腾空而飞。这个巨鹰丘显然是古代印第安人的创作,但它们建造这个土丘的目的仍是个谜。

Ling Ren Jing Tan
De Shi Qian
Dong Xue Bi Hua

令人惊叹的
史前洞穴壁画

拉斯柯克斯洞穴壁画

　　在西班牙北部几个荒无人烟的山洞里，发现了距今28000年至10万年旧石器时代的雕刻和绘画。这些发现起先被人们怀疑为诋毁达尔文进化论的阴谋。后来考古学家从所在地区的地下发掘出了和画上一致的野兽的骨髓。据考证，这些动物大多为远古时代的珍禽奇兽，有的也早在许多世纪前在欧洲绝迹。

　　这些画是在幽深、宽敞的漆黑洞穴里发现的，有的在洞顶，

远古科技名片

名称：洞穴壁画

类别：远古艺术

证据：发现拉斯柯克斯洞穴壁画、阿尔塔米拉洞穴壁画

时间：1万年～10万年前

地点：西班牙、法国等

有的在四壁，酷似教堂壁画，因而被称为"史前艺术的西斯廷教堂"。这些作品已不只是写实，而是透着修养有素的艺术家的敏感和灵气。

这处洞穴是1940年9月12日由4个年轻人发现的，1955年，第二次世界大战结束后才首次对公众开放。

由于每天参观客游量达到1200人，人体呼吸所释放的二氧化碳严重损坏了洞穴壁画。1963年，为了保护这一旧石器壁画艺术，法国政府停止向公众开放。

阿尔塔米拉洞穴壁画

阿尔塔米拉洞穴是西班牙的史前艺术遗迹，洞内壁画举世闻名。其位于西班牙北部古城桑坦德以南35千米处。洞窟长约270

米，洞高2.3米不等，宽度各处不一。洞里保持着久远的石器时代面貌，有石斧、石针等工具，还有雕琢平坦的巨大石榻。

这是现已发现的人类最早、最著名的美术作品之一。它是1879年，由一个名叫蒙特乌拉的西班牙工程师偶然发现的。由于这一壁画中描绘的动物太生动了，以前也从未见过这类壁画，所以，这位工程师将它公之于世时，西班牙考古界反而说他造假惑众，使他蒙冤20多年。

150余幅壁画集中在洞穴入口处的顶壁上，是公元前30000年至公元前10000年左右的旧石器时代晚期的古人绘画遗迹。其中有简单的风景草图，也有红、黑、黄褐等色彩浓重的动物画像，如野马、野猪、赤鹿、山羊、野牛和猛犸等。有的躺卧休息，有的撒欢奔跑，有的昂首翘尾，有的追逐角斗或互相亲昵。

据考证，壁画颜料取于矿物质、炭灰、动物血和土壤，再掺和动物油脂而成，色彩至今仍鲜艳夺目。壁画线条清晰，多以写实、粗犷和重彩的手法，刻画原始人熟悉的动物形象，组成一幅幅富有表现力和有浮雕感的独立画面，神态逼真，栩栩如生，达到了史前艺术高峰，具有很高的历史和艺术价值。

肖维特洞穴壁画

肖维特洞穴位于法国南部的阿尔代什省，长约500米，里面的一些小走廊各有特色。1994年，3位洞穴学家发现这处洞穴里竟然完好保存着旧石器时代精美的壁画艺术，随后肖维特洞穴名声大噪，并很快成为世界上最著名的史前艺术遗址。洞穴里包含着许多动物的壁画，有可见的犀牛、马和狮子等动物，共400个动物图像。法国考古人员和科学家在采用同位素方法进行检测后认为，这是迄今为止世界上发现的最古老的洞穴壁画之一。肖维特洞穴具有两个清晰历史时期人类的活动迹象，分别是旧石器时代前期和旧石器时代晚期，多数洞穴壁画都属于旧石器前期。

芬德歌姆洞穴壁画

1901年，一位名叫丹尼斯·佩朗宁的老师发现了芬德歌姆山口的洞穴壁画，这些壁画可追溯至公元前17000年前。1966年，当科学家再次清理该洞穴时，偶然间发现一幅绘有5头野牛的壁画。芬德歌姆洞穴有200多幅彩绘艺术，被认为是超越拉斯柯克斯洞穴的多彩史前壁画艺术。该洞穴现已对外关闭。该洞穴中壁画描绘着80多头野牛、大约40匹野马，以及20头以上的猛犸。

荒原围猎的
史前壁画

佩什·梅尔岩洞壁画

　　1922年，几名青少年在法国南部发现了佩什·梅尔岩洞，岩洞中瑰丽奇异的壁画震惊了整个考古界，其中以"带斑点"的马为主题的一组壁画尤其精美别致，壁画多在25000年前绘制完成。除了大量壁画，考古学家还在岩壁上发现很多手印，当时被认为是男性手印。

　　为了研究手印究竟是谁烙下的，斯诺教授将壁画上的手印模型输入电脑，并与现代欧洲人的手形进行比对后发现，史前女性确实也参与到绘制巨幅壁画的过程中。

不仅如此，斯诺教授又查看了法国加尔加斯洞穴壁画和有28000年历史的西班牙卡斯蒂略洞穴壁画，也得出了相同的结论。斯诺的研究结果表明：妇女在史前文化中的作用可能远远大于此前的预期。斯诺说："虽然我们不知道在40000年前至20000年前的旧石器时代女艺术家的地位究竟如何，但是我们的发现足以说明当时的女性在艺术文化中占据着不可低估的地位。"目前斯诺教授的研究仅限于欧洲地区，但他表示还将对世界其他地区的壁画进行研究，以最终确定史前女性在艺术领域的地位。

南美平原的巨画之谜

1939年，纽约长岛大学的保罗·科贝克博士驾驶着他的运动飞机，沿着古代引水系统的路线，飞过干涸的纳斯卡平原。突然，他好像看到平原上有着巨大而神奇的、好像是平行的跑道似的直线图案。他仔细一瞧，真的是巨大的平行线条，而这些线条似乎构成了巨大的图案。

这种图案只有从高空上才能欣赏，因此在20世纪飞机发明之前，人们从来不曾知道这地区地面上有这么巨大的图案。科贝克博士惊叹地说："我发现了世界最大的天文书籍。"

在地面上观察，可以看到那些巨大的交织排列直线，有时彼此平行，有时呈文字形，还有很多又长又宽的条纹横贯其间，有的像道路，有的像方格、圆圈、螺纹。然而从飞机上看下去，这些在地面上的简单几何图形立即有了意义。

这里的许多图形如同蜥蜴、狮子等，还有好多不可名状的像是某些植物，只不过植物的具体形态也被省去，只剩下简练的线条。只有飞行于秘鲁的天空，才能欣赏到各种精彩的纳斯卡平原巨画。

当旭日东升之时，登上纳斯卡山巅，一幅美丽奇异的图画便呈现在你的面前了。但当太阳升高之后，这些巨画便杳然消失。由此可见，古代印加的艺术家还利用了光学原理对巨画的布局设计做出了精确的计算，使之具有如此神秘之魅力。也正因如此，纳斯卡谷地的巨画被称为"世界第八奇迹"。

其中很有名的图案就是鸟图，在纳斯卡荒原上总共砌着18种不同类型鸟图。之所以将这类图形称为鸟图，当然是这些图形看起来像是某些种类的鸟。不过令人感到有趣的是，这些鸟图似乎有未曾在当今出现的鸟，有些甚至像是我国古时候《山海经》描述的奇异鸟类。这种鸟图尺寸非常巨大，长27～36米不等，鸟图甚至有128米长的翼展。在纳斯卡出土的部

分陶器上，也发现有类似的鸟。在皮斯科海湾附近，一座光秃秃的山脊上，刻着一个巨大的三叉戟图案。三叉戟的图案似乎不是南美洲现有文化所有，这又是如何画出的呢？

构成这些图案线条的是深褐色表土下显露出来的一层浅色卵石。专家估计过，每砌成一条线条，就需要搬运几吨重的小石头，而图案线条中那精确无误的位置又来自于制作者必须依照精心计算好的设计图才能够进行，并复制成原来的图样。绘制这样的巨图，需要精密的量测技术与工程能力，显然不是当地的土著具备的。

这些图是要从天上乘坐飞机才能欣赏的，有人认为这代表当初绘制巨图的文明

具备飞行的能力，他们可以进行空中量测与摄影。也有人认为是过去存在的巨人民族所绘制，对于巨人来说，这些图形的建造显然相对来说是很容易的，而且他们可以毫不费力地欣赏。

当初绘制巨图的文明具备飞行的能力吗？如果这是真的，那么人类是否早在更久之前的古代，就具备了20世纪才具有的飞行能力？

如果那些巨图是"过去存在的巨人民族"所绘制的，这个巨人民族曾在人类的文明中扮演什么样的角色？为何现在消失了呢？如果巨人真的曾经存在，地球上、宇宙间是否还存在着其他类似于人类的生命体？除了人类、科学家所假设的巨人之外，有没有小人国的存在？海底下是否也住着人呢？

Ao Ke Luo
Yuan Zi
Fan Ying Dui

奥克洛
原子反应堆

神秘莫测的原子反应堆

在非洲中部的加蓬共和国，有个风景非常美丽的地方，这就是奥克洛。但是，奥克洛的闻名于世，并不是由于它的风光，而是它那神秘莫测的原子反应堆。

1972年6月，奥克洛铀矿石被运到了法国的一家工厂。法国科学家对这些铀矿石进行了严格的科学测定，发现这些铀矿中铀235的含量低到不足0.3%。而其他任何铀矿中铀235的含量应是0.73%。

这种奇特现象引起了科学家们的高度重视和关注，运用多种先进的技

远古科技名片

名称：原子反应堆

类别：远古核工业

证据：发现陶原子反应堆

时间：20亿年前

地点：加蓬共和国

术手段和科学方法，努力寻找这些矿石中铀235含量偏低的原因。

经过再三深入探讨和研究，科学家们十分惊奇地发现：这些铀矿石早已被燃烧过，早已被人用过。这一重大发现立即轰动了科学界。

为了彻底查明事实的真相，欧美一些国家的许多科学家纷纷前往奥克洛铀矿区，深入进行考察和研究。经过长时间的共同努力探索，断定是奥克洛有一个很古老的原子反应堆，又叫核反应堆。

原子反应堆由6个区域的大约500吨铀矿石组成，它的输出功率只有1000千瓦左右。据科学家们考证，该矿成矿年代大约在20亿年前，原子反应堆在成矿后不久就开始运转，运转时间长达50万年之久。面对这个20亿年前的设计科学、结构合理、保存完整的原子反应堆，科学家们瞠目结舌、百思不解。

奥克洛之谜

这个原子反应堆究竟是谁设计、建造和遗留下来的呢？这是一个令全世界科学家都无法揭晓的特大奇谜。由于这个奇迹出现于奥克洛矿区，因此，科学家们把它称为"奥克洛之谜"。

这个古老的原子反应堆是自然形成的吗？科学家们一致否定了这种可能性，因为自然界根本无法满足链式反应所具备的异常苛刻的技术条件。只有运用人工的科学方法使铀等重元素的原子核受中子轰击时，才能裂变成碎片，并再放出中子，这些中子再打入铀的原子核，再引起裂变即连续不断的核反应，当原子核发生裂变或骤变反应时释放出大量的能量。

原子反应堆是使铀等放射性元素的原子核裂变以取得原子能的装置。这种装置绝对不可能自然形成，只能按照严格的科学原理和程序，采用高度精密而先进的技术手段和设备，由科学家和专门技术工人来建造，只有用人工的方法使铀等通过链式反应或氢核通过热核反应聚合氦核的过程取得原子能。

奥克洛的建造者之谜

　　既然如此，这个原子反应堆的建造者是谁呢？据研究，早在20亿年以前，地球上还只有真核细胞的藻类，人类还没有出现。直至第二次世界大战末期，人类才制造了第一颗原子弹。1950年，在美国爱达荷州荒漠中的一座实验室内，才第一次用原子能发电。1954年，苏联才建造了世界上第一座核电站。

　　由此看来，距今20亿年前，在奥克洛建造原子反应堆的，绝对不会是地球上的人类，而只能是天外来客。一些科学家推测，20亿年前，外星人曾乘坐"原子动力宇宙飞船"来到地球上，选择了奥克洛这个地方建造了原子反应堆，以原子裂变或聚变所释放的能量为能源动力。

产生原子动力的主要设备是原子反应堆系统和发动机系统两大部分。反应堆是热源，介质在其中吸收裂变反应释出的能量使发动机做功而产生动力，为他们在地球上的活动提供能量。后来，他们离开了地球，返回了他们的故乡——遥远的外星球，于是，在地球上留下了这座古老而又神秘的原子反应堆。

奥克洛的神话传说

原住在奥克洛附近的主要是芳族、巴普努族等。在他们中间，流传着这样的神话传说：在非常遥远的古代，整个世界漆黑一团，没有人类，也没有任何生物，大地一片荒凉。突然一个神仙从天而降，来到奥克洛地区，用矿石雕刻了两个石像，一男一女，石像能放出耀眼的光芒，使茫茫黑夜中出现了白昼。

有一天，蓦然狂风怒吼，雷鸣电闪，两个石像变成了活生生的人，并

且结成恩爱夫妻，生儿育女，他们的子孙后代，便成了当地部落的祖先。

这个神话透露出了一点消息，那个自天而降的神仙，很可能就是外星人，而那个能放出耀眼光芒的石像，很可能就是受过原子辐射照射的某些介质被加热后所释放出的光。

对此，也有人从另外一个角度进行解释。有人认为，地球上不只有一代人，在20亿年前，就曾有过一次文明高度发达的人类社会，由于相互仇视，发动核战争，人类毁灭了，但也留下了一些数量极少的遗物。

而奥克洛原子反应堆，就是20亿年前的人类建造的。到底哪一种说法对呢？现在还不是做结论的时候，还有待于人们进行深入的研究和探索。

Ma Ya
Lan Se Tu Liao
Zhi Mi

玛雅
蓝色涂料之谜

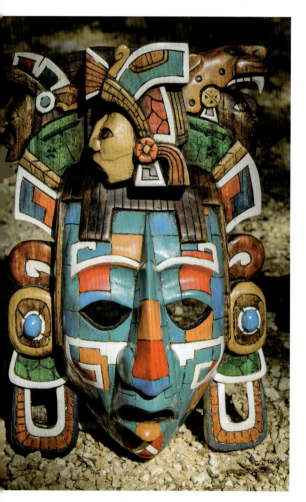

上图：玛雅人的蓝色面具。

酷爱蓝色的玛雅人

在神秘的玛雅文化中，玛雅人总是喜欢用蓝色来描绘壁画，即使是在进行祭祀时，他们也总是先将祭祀所用的人蓄染成蓝色。玛雅人为何喜欢蓝色，他们又是如何制作这种历经数千年而不会褪色的颜料的呢？

美国芝加哥田野博物馆馆长加里·费恩曼称，他与伟顿学院人类学教授迪安·阿诺德共同合作，已经揭开了古代玛雅蓝色涂料的成分之谜。

远古科技名片

名称：蓝色涂料
类别：远古化学
证据：发现蓝色涂料壁画
时间：公元前1000年
地点：美洲玛雅遗址

加里·费恩曼说，自从1839年美国人约翰·斯蒂芬斯在洪都拉斯的热带丛林第一次发现玛雅古文明遗址以来，世界各国考古人员在中美的丛林和荒原上共发现了170多处被弃的玛雅古代城市遗迹，发现在公元前1000年至8世纪，玛雅人的文明足迹北起墨西哥的尤卡坦半岛，南至危地马拉、洪都拉斯，直达安第斯山脉。这个神秘的民族在南美的热带丛林建造了一座座规模令人咋舌的巨型建筑。

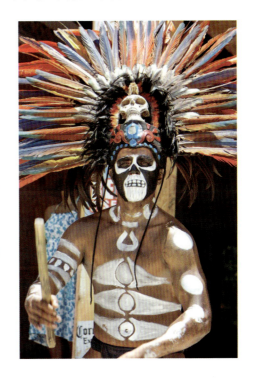

由于玛雅人把蓝色与他们的雨神联想在一起，因此，他们会将向雨神供奉的祭品涂成蓝色，祈求雨神能降雨助谷物生长。科学家们很早就在一些物品上发现过蓝色涂料，却一直未能解开玛雅人制作这种颜料的秘密。

蓝色涂料是如何制作的

大约自600年至1500年起，玛雅人会向井中抛入人和物作为祭品，这种井是一口天然形成的宽污水池，当时被玛雅人称之为"圣井"。通过研究在井底发现的骨头，科学家们认为这些人祭中绝大多数都是男性。科学家们还在尤卡坦半岛大型玛雅遗址处的井底发现了一些陶器，并进行了细致的研究。

在这些陶器中，有一个曾被用来烧熏香的碗，碗上留下了玛雅蓝的痕迹。一直以来，科学家们都不解古代玛雅人是如何制成了色彩如此鲜艳且经久不褪的颜料。如今，科学家们知道这种蓝色含有两种物质，一种是靛青植物叶中的提炼物，一种是被称为坡缕石的黏土矿物。

通过在电子显微镜下分析这些颜料样品，研究人员们才得以探测出玛雅蓝中的关键成分。

费恩曼说："没有人能真正搞明白这两种成分是如何被融合成一种稳定鲜艳的颜料的。我们认为，柯巴脂，也就是圣香可能是另一种成分。目前，我们都在探讨，可能正是柯巴脂在融合靛青提炼物和黏土矿物中起到了关键性作用，这种黏合剂使得玛雅蓝比其他自然颜料更为鲜艳持久。而且，我们已经找到了一些证据证明这个猜测。"

科学家们认为，制作玛雅蓝也是祭祀仪式的一部分。费恩曼说："据我猜想，玛雅人可能会烧一堆大火，并在火上放一个容器，在船里将这些关键成分混合起来。然后，他们可能将热的柯巴脂碎片放入容器中。"

"圣井"首次发掘是在1904年，当时，研究人员们在井底发现了一个0.35米厚的蓝色沉淀层，却未能知道它的来源。如今，费恩曼表示，科学家们知道这个蓝色沉淀层可能就是成年累月被抛入井中的涂有蓝色的供奉品所留下的。

神秘的 水晶头盖骨

水晶头骨的神秘之处

在美洲印第安人中流传着一个古老传说：古时候有13具水晶头骨，能说话、会唱歌，这些水晶头骨里隐藏了有关人类起源和死亡的秘密，能帮助人类解开宇宙的生命之谜。

据说水晶头骨具有催眠的功能，如果让一个人紧盯着水晶头骨的眼睛处，那么不多时人便会感觉昏昏欲睡。据传说，水晶头骨是玛雅人为病人做手术时催眠病人用的。

水晶是世界上硬度最高的材料之一，用铜、铁或石制工具都无法加

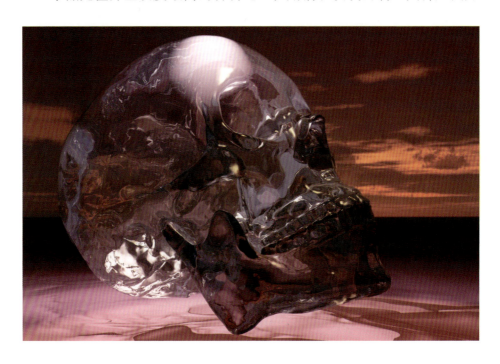

工，而1000多年前的玛雅人是使用什么工具制作成水晶头骨的呢？

另外，这种纯净透明的水晶不仅硬度很高，而且质地脆而易碎，因此科学家们推断，要想在数千年前把它制作出来的话，只可能是用极细的沙子和水慢慢地从一块大水晶石上把它打磨下来，而且制作者要一天24小时不停地打磨300年，才能完成这样一件旷世杰作。

水晶头盖骨的发现

1927年初，著名的冒险家赫吉斯及其女儿安娜，深入洪都拉斯的内地，两人极力寻求亚特兰蒂斯文明的真相，因而进行玛雅文化代鲁巴达遗迹的挖掘工作。

当他们在清除已经倒塌的神殿遗迹祭坛墙时，从沙堆中发现了一个被

远古科技名片

名称：水晶头盖骨
类别：远古制造业
证据：发现水晶头盖骨
时间：1000多年前
地点：美洲

埋了一半的水晶头盖骨。在赫吉斯生前，水晶头盖骨一直都在他的手中，到了1959年赫吉斯死后，才由科学家进行分析。

人类学家基恩博士，根据以下三点认为此头盖骨是女性的头盖骨：头盖骨的左右对称，看不见任何缝合线，眉间眉骨没有突起。

头盖骨之谜

一般认为，水晶头盖骨的年代约在玛雅文明时期，至于确切的年代则不知道。但不论是制作于何时，可确定的是，这是利用纯度高的透明水晶制作而成的，而且和人类的头盖骨没有差别。更令人惊讶的是，此水晶头盖骨丝毫没有留下使用工具的痕迹，也就是说它是一个完整的水晶雕成的。然而即使使用现代的高水准技术来制作，也有很大的难度。水晶的硬度约是7度，使用一般刀子是绝不可能不在水晶上留下痕迹的。究竟古代的工匠是运用什么高科技呢？

有关水晶头骨的猜想

古代玛雅人并非做不出在解剖学上很精确的头骨来，他们不是一群无知的农民，而是数学、天文学和历法方面的专家。他们所拥有的技能可以与现代技术相匹敌，甚至超过。

但是有一些证据倒是能表明古代玛雅人有可能制作过水晶头骨，

但也有另外一些证据表明，是后来的阿兹特克人和墨西哥中部及高原上的印第安人制作了它们。这些古代人都善于在水晶上雕刻一些美丽的物品，也很频繁地使用过头骨这一意象。

水晶头骨的制作之谜

我们知道，近代光学产生于17世纪，而人类准确地认识自己的骨骼结构更是18世纪解剖学兴起以后的事。这个水晶头颅却是在非常了解人体骨骼构造和光学原理的基础上雕刻成的，1000多年前的玛雅人是怎样掌握这些高深的光学知识的呢？

另外，他们还在头盖骨的头部与脸上发现了双晶，这是由于冲击引起的晶体耦合，这意味着头盖骨是利用某种冲击力加工而成的。至于古人究竟采用了什么方法和工具，至今还是一个谜。

另一方面，玻璃工艺品专家摩雷认为，要想从整块水晶切削、加工出像水晶头盖骨那么精巧的工艺品，在技术上是完全不可能的，加之在完成的头盖骨上看不出使用任何工具的痕迹，由此，推断这个水晶头盖骨实际上是用玻璃制造的。他说："玻璃起源于公元前2000多年前的美索不达米亚，1200年左右，玻璃的加工技术传到了埃及，公元前300年左右，在中国出现了彩色玻璃珠。因此，公元前1600年玛雅文明很可能已掌握了玻璃

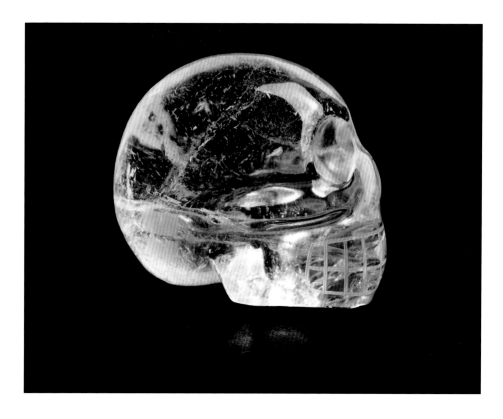

制造技术。" 但是，其他专家认为摩雷的说法缺乏充分根据，特别是玛雅时代的水晶头盖骨不能与上述玻璃制品等同而语，因为它唯有用近代刚开发出来的晶体玻璃制造工艺才行。如果是几千年前用玻璃加工法制成的水晶头盖骨，它经过这么长的岁月肯定要褪色泛黄，失去透明度。然而这个水晶头盖骨至今还闪烁着令人难以置信的晶莹光泽，如果对着太阳光，它还会放射出七色的彩虹；如果对着烛光，则发出令人恐惧的紫光。

更加惊人的秘密

研究人员发现，如果让人凝视水晶头盖骨发出的紫光30秒到1分钟，大部分人会进入不可思议的催眠状态，由此推断这个水晶头盖骨可能是玛雅祭司或巫师用来在催眠状态下与亡灵进行"交流"的工具，而里希特博士认为这是利用催眠术进行疾病治疗的工具。

首先，里希特博士曾用它对患者施行催眠术，不用注射麻药就成功地进行了牙龈手术、接骨和肿瘤切除手术，患者在手术中除了流一点血外，丝毫没感到疼痛，特别是对于不能麻醉的特殊体质的人，通过这样的催眠术就能进行手术。其次，里希特博士从众多木乃伊的头盖骨上发现了做外科手术的痕迹，由此他推断在古玛雅和印加文明时代进行了即使在近代医学上都感到非常困难的脑外科手术。那就是用这个水晶头盖骨让患者进入催眠状态，然后用杀牲石施行只是少量出血而不感到疼痛的手术。

根据这一新的假说，原来用作杀生祭神的那块石台被认为是玛雅人为了祈求长生而进行心脏移植或内脏手术的石制手术台。事实上古代的许多超文明都是现代观点无法理解的。

发现其他的水晶头盖骨

在当今世界像这样的水晶头盖骨还发现了几个，其中3个较为著名的，除赫吉斯发现的这个赠给美国民族博物馆以外，还有两个分别收藏在大英博物馆和巴黎郊外的夏洛宫人类博物馆中。

大英博物馆藏的被鉴定是属于古代墨西哥。夏洛宫人类博物馆藏的是大约为真人头骨的一半大小的水晶头骨，法国专家认为是阿斯特克人在14世纪或15世纪时制作的。这3个水晶头盖骨中，尤以美国民族博物馆藏的最为精致。这些超乎人们想象的水晶头骨究竟出自何人之手？如何制作的？制作的意图到底又是什么呢？至今仍不能被我们所理解。

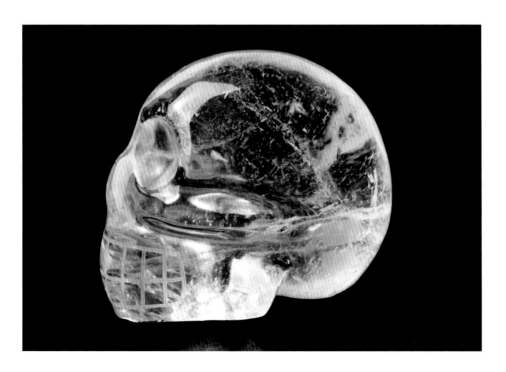

**千年冰封
坟墓之谜**

发现千年前的坟墓

　　1949年，苏联考古学家鲁登科掘开一座大约公元前60年建造的坟墓，墓穴中有一具女尸和一具男尸。这个男人生时身上纹上了好些图形，像文身一样，这女人生时可能是他的妻子。

　　这个墓穴是在西伯利亚西部接近蒙古边境阿尔泰山脉大草原上发现的。考古学家到这地区来研究，共发现5个大墓穴和9个小墓穴，而埋了一男一女的就是其中一个。

　　由于自然界的奇妙作用，这对夫妇的尸体及一大批陪葬物品，包括袜子、鞋子、瓶子、地毯和木桌等，大致都保持原状，没有腐烂，就是那些通常极易腐烂的物品也保存完好，在墓穴中冰藏了大约3000年。对几十年前曾经首次考察此处的鲁登科来说，这些发现可说是毕生难逢的重大收获，并给他留下了深刻印象。

墓穴里的尸身面貌

坟墓中最重要的发现就是那具男尸。虽然埋葬之后某一个时期，曾有盗墓者人为破坏，但剩下的东西仍足以使鲁登科对铁器时代开始时，一位部落酋长的生活方式和身体形貌有独特见识和研究。

这位男死者，身高1.76米，体格健壮。死者头部正面曾经修剃，并剥去头皮。从腿骨微弯看来，鲁登科推断死者长年骑马，就像游牧民族的首领一样。

可是，毫无疑问，最令人感兴趣的就是尸体上的文身。死者手臂、大腿和躯干大部分地方都有文身。那些图案多为神话怪兽，奇形怪状，令人毛骨悚然：身体像蛇的鹰头狮子，长着猫尾和翅膀的动物，长了鹰嘴有角的鹿。从这些文身图案中可见他们丰富的想象力和独特的艺术风格，并且显示出死者

远古科技名片

名称：冰封坟墓
类别：远古医学
证据：发现二千多年前未腐烂尸体
时间：公元前60年
地点：西伯利亚

与众不同的习俗，与塞西亚人的非常相似。

塞西亚人是公元前7世纪至公元前3世纪中亚细亚的一个十分好战的民族，以崇尚武力见称。希腊医圣希波克拉第有如下的记载："塞西亚人是人数众多的游牧民族，全部都在肩膀、手掌、手臂、胸前、大腿和腰间刺上花纹，唯一目的是想避免意志薄弱，变得充满生气和勇气。"

此外，希波克拉第还记载，塞西亚人居住在四轮篷车上，每家有3～4辆。鲁登科在阿尔泰山脉草原上另外一处墓穴中，发现有一辆这种篷车的残骸，旁边还有一些殉葬的马遗骨，以便能随同主人进入另一个来生世界。

墓室里发现其他物品

在死者的墓中也有几匹供策骑马匹的遗骸。马匹都面向北方，旁边还放着几套马鞍和马头装饰物。墓里有一批家居饰品，包括一张地毯、一面用毛皮包着的铜镜、一面用皮袋装着的眼镜、几对绒袜。珠串、毛皮和金耳环的数量十分多，显然是盗墓搜掠时一时疏忽剩下的。此外，鲁登科还

发现一张几乎完整无缺的木桌，四只脚雕成老虎后腿直立的形状，十分形象。

墓穴里有几个盛着几滴发酵马奶的泥瓶子和一袋奶酪，显然是为死者夫妇登天途中享用准备的。至于供死者作为精神慰藉的，则包括一具残缺不全的竖琴和一袋大麻种子。男尸身上的衣服用大麻织成，缝工精细，美观大方，主要缝口上还缀上羊毛红边。

有件奇怪的东西放在男尸头部旁边，就是一把假胡须。这把假胡须用人的头发制成，染成深褐色，缝缀在一块兽皮上面。虽然在这一带发掘出来的男尸都无长

须或短髭，但这一族的人佩戴的悬垂饰物上的图像显示塞西亚男人大多数蓄须。也许那些胡须全是假的，至于为什么要戴假须，大概是出于一种崇拜心理。

墓中发现不同人种的头颅

最奇怪的是在墓中发现的头颅有很多不同类型。虽然鲁登科只得到少数样本，但他鉴别出其中不仅有欧洲人种，还有长头与扁头的两类黄种人。他把这种种族复杂的现象，归因于部落酋长基于政治原因，与远方部落公主通婚的习俗。鲁登科指出，在现代的哈萨克族和吉尔吉斯族人中，

也有类似的面形歧异，因此不同类型的头颅也就显得不那么神秘了。

那些黄种人的头颅，明显是属于匈奴贵族的，原因是在公元前4世纪末期，可能有一个匈奴部落移居此地，并长期存在了下来，将阿尔泰山脉地区的酋长逐出这个区域。起初，匈奴人可能和他们通婚。可是到了该世纪末期，他们的认识发生了转变，采取了较为残暴的办法，因此古代阿尔泰山脉民族作为一个独特文化群体的遗迹，到了那时便突然中止。此后，他们的生存痕迹便再也找不到了。

千年坟墓的结构

古代西伯利亚人建造坟墓时力求坚固耐久，美观则被放在了第二位，但没有料到，阿尔泰山脉草原上的气候，竟然会将他们的精美手工艺制作保存下来。阿尔泰草原冬季漫长酷寒，夏日则凉快而为时甚短，年平均温度通常不会低至形成永冻层，坟墓保存完整主要是依赖于坟墓独特的结构。

　　鲁登科发掘到的大墓穴，全部依照同一式样建造。墓坑深约7米，底部主穴四壁用结实的落叶松圆木筑成，墓顶则铺设更多一层大石和圆木。在大石层上，有一个厚约2米的土墩，上面再铺上高达5米、宽达45米的碎石堆。使坟墓保持冰冻的最主要是这堆碎石。因为碎石独特的功能阻隔了夏日的热力，冬季可以让霜寒透入体。

冰封之谜

　　碎石传热性能差，因为坟墓一旦营建完工，碎石下面的那层泥土，几乎立即变成永久冰冻。话虽如此，冰冻的速度仍不足以防止陪葬的马匹和山羊出现部分腐烂现象。人尸所以能够免致腐烂，只因尸体全身涂了防腐香料和涂料，而且身上所有腔窝，都已用草填塞，这样可以防腐。

　　但令鲁登科惊奇的是，那个文身者坟墓虽然遭受盗劫，但对冰冻过程并没有造成重大影响。起初，鲁登科以为冰冻现象可能是盗墓者挖隧道时冷空气突然透进来所致。但后来他断定，尸体在下葬不久即已冰冻，其后有人盗墓，并非冰冻现象的成因。不过毫无疑问的是，盗墓一定是营葬后数年内，即死者后人离开该处不久后发生的。因为盗墓者留下的痕迹，显示当时所用的工具仍然是铜器，而非后期的铁器。冰封了3000年的坟墓到现在依然是个谜，谁能真正揭开它的谜底呢？

Zui Zao De
Yu Zhou Fei Chuan
Zhi Mi

最早的
宇宙飞船之谜

印加人的传说

最古老的印第安人的神话故事中提到一种给他们带来火和果子的雷鸟，依据印加人的宗教传说，星星上都坐满了人，神是从星座上降临人间的。

苏美尔人、巴比伦人、亚速人及埃及的楔形文字中曾不止一次地描述同一个场面：神从星星上降临人间后又回去了，他们乘坐着大大小小的火船飞越天空，这看起来让人感到十分奇怪。

印度史诗中记载的飞行器

在印度史诗《罗摩衍那》中记载了一种名叫维摩那的飞行动力装置，它可以借助旋风在很高的空中飞行，能够飞得很远，可以自由地向前、向上、向下任意地飞行。其中写道："在罗摩的命令下，一架堂皇的车子带着巨大的声响升到云中。"这里不但提到了飞行物，还提到了"巨大的声响"。

在印度的另一部史诗《摩呵婆

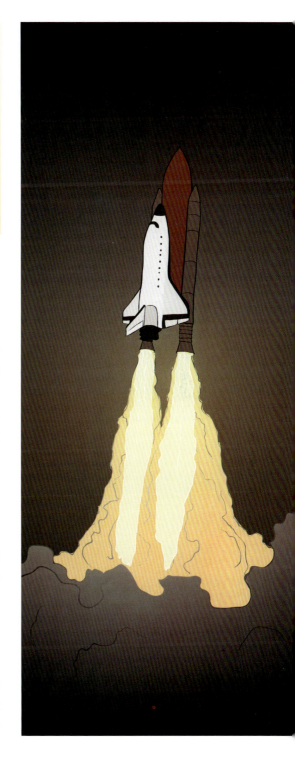

远古科技名片

名称：宇宙飞船

类别：远古航天工业

证据：传说飞行器自由地飞行，发出巨大声响

时间：公元前

地点：美洲、亚洲、欧洲

罗》中，还有一段类似的描述：在一大片像太阳般耀眼的光亮之中，毗摩驾着维摩那飞过，发出一阵雷鸣般巨大的响声。在这段描写中，至少涉及有关火箭的某些概念，知道这样一种飞行器可以驾着一道光，发出可怕的甚至恐怖的响声。

这部史诗的第十篇中写道，枯尔呵从一个巨大的维摩那上向三重城投下一枚炸弹，当时的情景是，比太阳还要亮千万倍的白炽烟云腾空而起，城市片刻之间化为灰烬。

藏文古籍中的记载

中国藏文古籍《丹多娃》和《康多娃》也讲到了史前的飞行装置，书中把飞行装置称为"天上的珍珠"。在《萨玛朗加那——苏德拉德哈拉》一文中，用了整章整章的篇幅来描写尾后喷出火和水银的飞船。

蒂冈博物馆阿里伯托·杜利发现了公元前1600年图特摩斯三世时代的一卷古文残篇，它记载了这样一段神奇传说：有一个火球从天而降，气味十分难闻，图特摩斯和他的士兵们一直望着这个景象，直至火球向南方飞去，从视野中消失为止。

各地的传说

在古挪威和冰岛的传说中也讲到在空中遨游的神。弗莉葛女神有个使女叫格娜，女神派她乘一匹能够飞过陆地和海洋的骏马到另外的世界去，这匹马叫"虎厄斯路厄"，意为四蹄喷火。

在死海附近发现的《启示录》中写到了这种喷火车。文中写道："在那个人身后，我看到一辆火轮车，每个轮子满是眼睛，轮上有个宝座，周围是一团火。"宝座和天车都是犹太神灵的传统象征与图腾崇拜，大致相当于希腊及早期基督教中的巨光。

在位于埃及尼罗河三角洲的古城孟菲斯，也有这样的传说，普塔神交给国王两个模型，用以庆祝他统治的周年纪念日，命令他10万年内庆祝该纪念日6次，普塔神来给国王送模型时，乘着一辆闪光的车，不久，他又乘车在地平线上消失了。今天，在埃德弗的房门上和庙宇里我们还可看到

画有翅膀的太阳和带着永恒标记的飞鹰图画。

流传下来的故事

假如一架直升机第一次在非洲丛林里着陆，当地人谁也没见过这玩意儿。直升机发出吓人的"隆隆"声，在一块空地上降落。驾驶员身穿战地服装，手提机关枪，头戴着防撞头盔，从机舱里跳了出来。缠着腰布的野人看着这个从天而降的东西和从没见过的神吓呆了，茫然不知所措，甚至连手脚都不知道该往什么地方放了。

过一会儿，直升机又起飞了，消失在天空之中。剩下这个野人时，他开始想法来解释这件事。他会告诉那些不在场的伙伴，他看到一辆飞车，一只大鸟，发出可怕的声音和臭味，还有带着喷火武器的白皮肤的生物。

这不同寻常的见闻被来访者记录下来，一代一代传下去，就形成了这些神奇故事，父亲讲给儿子听时，这只大鸟显然不会变小，而里面跳出来的生物则变得更加奇特、更加仪表堂堂、更有本领。故事会添上这样那样的枝叶，但是，这个神奇传说的前提是确有直升机降临了。从那时起，这件事就成了这个部落的一个神话，永远流传下来，而且越流传越神秘。

Zhi Ci
Lan Tian De
Jin Zi Ta

直刺蓝天的
金字塔

层阶金字塔

　　蒂亚瓦纳科遗址是玻利维亚印第安古文化遗址，位于南美洲玻利维亚与秘鲁交界处的喀喀湖以南，蒂亚瓦纳科古城遗址面积约45万平方米，最引人注目的莫过于那直刺蓝天的层阶金字塔了，其底部长宽各约210米，高15米，有阶梯直通顶部。

　　在层阶金字塔顶部有房基和贮水池、排水沟等遗迹，现在还不清楚它是

神庙还是居民的避难所，但可以肯定的是，它与埃及金字塔迥然不同。埃及金字塔是用巨石垒砌的，是法老的陵墓，而这里的金字塔则是用土垒筑，多是具有神庙性质。

卡拉萨萨亚平台

层阶金字塔的西北面有一个被称为"卡拉萨萨亚"的长方形平台，长180米、宽135米、高2～3米，平台四周有石砌护墙。

据玻利维亚政府公布的发掘结果表明，这里埋藏有一座半地穴式的神庙，俗称古神庙，深1.7米、长28.5米、宽26米，近似方形，没有屋顶，这座神庙的内壁是由砂岩砌成，壁上刻有祭司头像之类的画面。

卡拉萨萨亚中还发现众多横七竖八的石刻头像，这些头像表现了各种不同的人种。在这些头像中，有的嘴唇厚，有的嘴唇薄；有的长鼻子，有的鹰钩鼻；有的耳朵小巧，有的耳朵肥厚；有的面部线条柔和，有的棱角突出；有的还戴着奇怪的头盔……

瑞士的著名学者丰·丹尼肯在《众神之车》一书中大胆提出，这些形态各异的头像，是在向世人们传递着某种无法理喻的信息，即外星人曾经光顾过地球。

石棺宫殿

卡拉萨萨亚的西侧有一座"石棺宫殿"，长48米、宽40米；两重墙垣，高度相当，间隔8米，用精制的石料砌成；宫殿内有排水沟。

蒂亚瓦纳科城址西南部有一个称为"普马·彭克"的地区，散乱分布

着大量加工过的石头。这儿有一个长160米、宽140米、高6米的土台。

据1540年光顾这里的西班牙人留下的笔记资料记载：这些土台上曾砌有墙壁，石头均经过加工，有的重量超过300吨，而且还有狮形人雕像。这座城市附近没有采石场，在现代条件下，将这些笨重的巨石从遥远的地方运来都是一件极为困难的事，更何况古代的印第安人呢？

高原地区的气压很低，空气中含氧量稀薄，体力劳动对于任何一个非本地人来说都是难以忍受的，然而古代的印第安人居然能够做出今人都难以想象的事情，建立了这座巨大的城市，该作何解释呢？难道能够简单地归之于借助外星人的力量吗？而外星人光临地球只能算是一个大胆的假设而已。

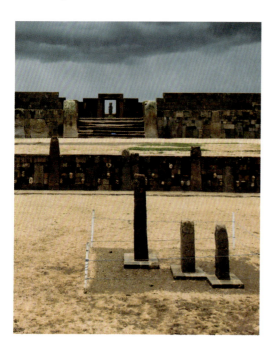

大量的巨石上发现有T字形或I字形的沟槽，显然蒂亚瓦纳科的居民已掌握使用榫卯结构垒砌巨大的石壁，他们还发明了铜和青铜制成的金属工具，并用之于加工石料，雕刻心目中的庇护神。

匪夷所思的遗迹

在这座古城附近尚未发现当时一般平民的居住遗址。在人口稀少、自然环境恶劣的条件下，如何建立起这样一座巨大的城市呢？

据生态学研究成果表明，蒂亚瓦纳科城北的喀喀湖鱼类资源丰富，濒湖地带土质肥沃，良好的土

壤条件为玉米、马铃薯等农作物的栽培提供了优良的条件，而且高原上牧草丰饶，适宜放牧骆马和羊驼。所有这一切，都为居住在这座与世隔绝的古城居民奠定了生存和发展的基础。

值得一提的是，蒂亚瓦纳科城布局规范，设计精心。城内有东西、南北两条大道，层阶金字塔、神庙和石砌平台等建筑物就分布在这两条大道的旁边。

20世纪以来，美国考古学家温德尔·贝内特和玻利维亚考古学家桑切斯通过调查发掘还发现蒂亚瓦纳科城并非一时完成的，而是从公元前后至600年之间逐渐建立起来的。如今，由于历经沧桑兴变，古城昔日的风貌已湮没难辨。

蒂亚瓦纳科在600~1000年一直是南美印第安文化的中心。600年前后，以这座城市为代表的文化范围仅限于的喀喀湖沿岸地带，700年左右，文化开始向外传

播，至1000年前后，这儿的文化几乎浸透至安第斯全境。

秘鲁中部高原重镇瓦里和中部海岸城市帕恰卡姆成为继承和发展蒂亚瓦纳科文化的两个中心，此后，这一地区的文化持续稳定向前发展。15世纪中叶至16世纪中叶，形成南美大陆史前时代拥有最大版图的帝国——印加帝国。蒂亚瓦纳科作为南美文化的基石逐渐被世人遗忘。

今天，在蒂亚瓦纳科城附近，有一些野草丛生的人造小山。这些小山山顶平坦，面积达4000平方米，山里面极有可能隐藏着建筑物。如果有朝一日，学者们能够将这些平顶小山逐个进行发掘，说不定能为这座神秘的古城提供令人振奋的线索。

蒂亚瓦纳科
古城遗址

| # 人类可能失传的技术

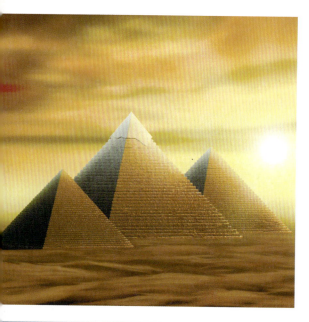

埃及胡夫大金字塔

从现已发现的史前科技文明判断，史前人类曾具有极高的科技水平，许多技术甚至连我们现代人类也无法达到，然而它们是远古时期的产物。史前人类对地理和天文知识的认识也可媲美现代人类的水平。

地球上大量的巨石建筑群证明史前文明的存在。这些巨石建筑特点是高大宏伟，用非常庞大的石块砌筑而成，而且拼接得非常完美。而这些巨石要用现代化

远古科技名片

名称：胡夫金字塔、罗马城

类别：远古建筑

证据：发现由230块每块重2.5吨巨石建成的金字塔等

时间：公元前2600年和前625年

地点：埃及、意大利

的机器才能搬运，有的甚至连现代化的工具都无能为力。这些建筑中往往都运用了十分精确的天文知识。建筑物的三维尺度、角度和某些天体精密对应，蕴涵着很深的内涵。

埃及胡夫大金字塔由230万块巨石组成，平均每块重达2.5吨，最重的达250吨。其几何尺寸十分精确，其4个面正对着东南西北，其高度乘以10^9等于地球到太阳的距离，乘以43200恰好等于北极极点到赤道平面的距离，其周长乘以43200恰好等于地球赤道的周长。其选址恰好在地球子午线上，金字塔内的小孔正对着天狼星。

穿过金字塔的经线，刚好把地球上海洋和陆地分为对等的两半。这座金字塔的底面积除以两倍的塔高，刚好是著名的圆周率的值。整座金字塔坐落在各大陆重力的中心。所有这些都出于巧合吗？"巧合"的数字还可以列举很多，然而难道仅仅都是巧合吗？

这种怀疑也许会动摇埃及人的民族自豪感，但对于堆积230万块巨石的惊人工程，学者们指出，以当时的技术水平，埃及必须有5000万人口才能勉强承担，而那时全世界才不过2000万人。另外，法国化学家约瑟夫·大卫·杜维斯从化学和显微角度研究，认为金字塔的石头很可能是人工浇筑出来的。

壮观的埃及
金字塔和狮
身人面像

他根据化验结果得出这样的结论：金字塔上的石头是用石灰和贝壳经人工浇筑混凝而成的，其方法类似今天浇灌混凝土。由于这种混合物凝固硬结得十分好，人们难以分辨出它和天然石头的差别。此外，大卫·杜维斯还提出一个颇具说服力的佐证：在石头中他发现了一缕约0.025米长的人发，唯一可能的解释是，工人在操作时不将这缕头发掉进了混凝土中，保存至今。

一定有些什么人，在古埃及人之前运用高度发达的建筑技术建造了金字塔。他们试图通过金字塔向后世传达某种信息，还有他们的骄傲。那么，他们是谁？科学家最新的发现表明，金字塔有曾浸在水下的证据。

埃及基沙高原的狮身人面像

基沙高原的狮身人面像正对着东方，经最新天文分析和地质分析，其建筑年代可能要比考古学家早先估计的要久远得多。美国地质学会的修齐教授说，狮身人面像的身体受到的侵蚀似乎不是风沙所造成的，风沙造成的侵蚀应该为水平、锐利的，而狮身人面像的侵蚀边缘比较圆

钝，呈蜿蜒弯曲向下的波浪状，有的侵蚀痕迹很深，最深达2米。另外上部侵蚀得比较厉害，下部侵蚀程度没这么高。这是典型的雨水侵蚀痕迹。而狮身人面像暴露在空气中的时间最多不会超过1000多年，其余时间被掩埋在沙石之中。

如果真是建于埃及卡夫拉王朝而又被风沙侵蚀的话，那么同时代的其他石灰岩建筑，也应该受到同样程度的侵蚀，然而古王朝时代的建筑中没有一个有狮身人面像受侵蚀的程度严重。

从公元前3000年以来，基沙高原上一直没有足够造成狮身人面像侵蚀的雨水，所以只能解释为这些痕迹是很久远以前，基沙高原上雨水多、温度高时残留下来的。

根据天文学计算，公元前11000至公元前8810年左右，地球上每年春分时太阳正好以狮子座为背景升上东方的天空，此时狮身人面像正好对着狮子座。根据以上分析，考古学家推测狮身人面像很可能建于10000多年前。科学家最新的发现表明，狮身人面像有曾浸在水下的证据。

罗马确是一天建成的

考古学家的最新据最终证实罗马帝国于公元前625年8月13号的日落之前开建并完工。考古学家们出示了一个卷轴，也就是一份由朱利叶斯·撒本人亲自签署的合同文件。这份拉丁文合同的其中一部分翻译过来是说：我们巴比伦建筑公司同意在公元前625年8月13号这一天开始动工并完成罗马帝国建筑的修建，如果我们不能在帝国指定的时间内完成，凯撒大帝可以砍下我们的脑袋去喂狮子。

考古学家们认为这一证据绝对有效，工匠们一定是在一天之内完成了罗马城的修建，因为他们没有发现任何被吃掉的脑袋的残渣的化石。罗马帝国覆盖了28万平方米的土地，其中包括数个城市、小镇、数条河流、多座山、多个大剧场，许多导水管、排水沟、拱门、博物馆、镀金大教堂及比萨小屋等。这一切要在一天，也就是12个小时之内完成，绝对超乎想

下图：古罗马广场遗址，其恢宏的场面仍依稀可见。

上图：古罗马斗兽场遗址。其占地面积约2万平方米，可以容纳近9万名观众。

象。建筑师弗雷德说："在一天内，我的工程队连一垛清水墙都完不成。根据这张罗马城的模型图来看，我的公司要花上数百年才能完成整个罗马帝国修建工作。"

如果文件上所述的情况属实，今天的科学家、建筑家又将陷入新的迷宫，他们无法解释在那个时代的人们是怎么在12个小时里完成了28万平方米的罗马帝国的建造的。

历史学家罗杰斯认为这些就和金字塔一样，是千古之谜，只能想象是那个时代的人所掌握的一些东西失传了，我们现代人的技术无法跟进。首先他们修建了金字塔，接着他们又修建了狮身人面像，而后他们又建造了西尔斯塔等不胜枚举的奇特而神秘的建筑。就算假设那时他们使用了800万之众的埃及奴隶，但我们现在也有这些不再被称作奴隶的雇工，可我们很难而且几乎不能做到。

气势宏大的
古罗马露天
剧场遗址

Shi Qian
Ren Lei De
Cai Kuang Huo Dong

史前人类的
采矿活动

史前冶金厂遗址

　　1968年，苏联考古学家科留特梅古尔奇博士在亚美尼亚加盟共和国的查摩尔发现了一个史前冶金厂遗址。考古界一致认为这是目前所发现的最大、最古老的冶金厂，至少有5000年历史。

　　在这里，某个未知的史前民族曾用200多个熔炉进行冶炼，生产诸如花瓶、刀

远古科技名片

名称：矿产挖掘
类别：远古采矿业
证据：发现冶金厂遗址
时间：5000年前
地点：亚美尼亚共和国

枪、戒指、手镯之类的产品。他们冶炼的金属包括铜、铅、锌、铁、金、锡、锰等。此外还发现冶炼时，劳动者戴手套和过滤口罩的证据。最令人赞叹的产品要算是钢钳了。

据化验，此钢的品位是由苏联、美国、英国、法国和德国的科学研究机构共同做出的。法国一名作家写道："这些发现表明查摩尔是人类早期文明的有识之士所建造的。他们的冶炼知识是从未知的遥远的古代继承下来的。"

旧石器时代的矿址

1969年和1972年，人们在非洲斯威士兰境内发现了数十个旧石器时代以前就被开采过的红铁矿的矿址。而在非洲雷蒙托的恩格威尼坦的铁矿，经科学测定在43000年前就曾被开采过了。

另外在美国的罗雅尔岛，美国考古学家

发现了史前铜矿井，连当地原住民印第安人都不知此矿井始于何时。有迹象表明这史前矿业已开采了数千吨铜矿，但在矿井所在地找不到曾有人在该处久住过的痕迹。

美国犹他州的莱恩煤矿

最奇怪的要算是美国犹他州莱恩煤矿矿工的发现了。1953年，当该矿的矿工们在采煤时，竟挖出了当地采煤史上从未记载的坑道。里边残存的煤已经氧化，失去商业价值了，可见其年代的久远。

1953年8月，犹他大学工程系和古人类系的两名学者做了调查，表明了当地的印第安人从未使用过煤。莱恩煤矿与罗雅尔岛发现的铜矿情形一样，显示了这些史前的矿工也拥有采矿和将煤矿运至远处的手段和技术。

超远古矿场

而至今，有一批仍受到地质学家和人类学家重视的超远古矿场，是发现于法国普洛潘斯的一个采石场的岩层中。

1786~1788年，这个采石矿场为重建当地司法大楼提供了大量的石灰

岩。矿场中的岩层与岩层之间都隔有一层泥沙。当矿工们挖到第十一层岩石，即到达距离地面12~15米的深处下面又出现一层泥沙。

当矿工们清除泥沙时，竟发现里边有石柱残桩和开凿过的岩石碎块。继续挖下去，更令他们惊奇的是发现了钱币、已变成化石的铁锤木柄及其他石化了的木制工具。最后还发现一块木板，同其他木制工具一样已经石化，并且裂为碎片。将碎片拼合后发现正是一块采石工人用的木板，而且与现在所用的一模一样。

类似以上史前采矿业及其他不明遗迹现象的发现还有很多，除了引发人们的好奇外，或许更重要的是它们在考古学上展现的意义，是该将人类文明史的起始时间极大地向前推移了。

木牛流马
究竟为何物

木牛流马是普通独轮推车

　　《宋史》、《后山丛谈》和《稗史类编》都说：木制独轮小车，汉代称为鹿车，经诸葛亮改进后称为木牛流马。到了北宋，在沈括《梦溪笔谈》中开始出现了"独轮车"的名称。近人机械工程家刘仙洲也持此见。

　　四川渠县蒲家湾东汉无名阙背面的独轮小车浮雕及同县燕家村东汉沈府君阙背面的独轮小车都再现"木牛流马"的模样。这种小车的形态和构造，因地制宜，

略有不同，故各地所称手推车、二把手、鸡公车等，都是指这种独轮小车。

木牛流马是四轮车、独轮车

高承《事物纪原》卷八记载："诸葛亮始造木牛，即今小车之有前辕者；流马即今独推者是，民间谓之江州车子。"这在《诸葛亮集》、《资治通鉴》里也有些根据，范文澜明确提出这个观点。其确凿证据是在成都羊子山2号汉墓出土的"骈车"画像砖，其右下角有人推独轮小车的形象。

"木牛流马"的称呼来历，因为独轮车不用牛马，一个人能推走，为不吃草的牛、能流转的马，这正如今人把拖拉机叫作铁牛、摩托车叫电驴子一样。但这两种解释也有欠妥之处：独轮车、四轮车机械原理十分简单，何劳"长于

后人仿制的
木牛流马

巧思"的诸葛亮亲自制作？而且独轮车早在2000多年前就有了，诸葛亮沿用了这种独轮车，还值得史书上大书一笔吗？

木牛流马是奇异的自动机械

三国时代，运用齿轮原理制作机械，已屡见不鲜。东汉时毕岚作翻车是利用齿轮转动来汲水的一种装备。三国时韩暨又制造水排，利用水力驱动水轮来灌水。

魏国有个马钧，他重造出指南车，又能用水力发动，使木人击鼓吹箫，跳丸掷剑，舂磨斗鸡，变巧百端。而诸葛亮只能制造独轮车，不是相形见绌吗？

《南史·祖冲之传》记载："以诸葛亮有木牛流马，乃造一器，不因风水，施机自运，不劳人力。"可知祖冲之是亲眼见过木牛流马的，又因木牛流马的启发，他便创造一种机械运行的工具，比木牛流马更胜一筹。

由此可知，木牛流马一定是利用齿轮原理来制作，否则祖冲之不会有兴趣拿它来做参考和对比。可惜的是此论缺乏确凿的论据和实形。

具有特殊外形及特殊性能的独轮车

近人陈从周、陆敬严查检文献根据，勘察川北广元一带现存古栈道的遗迹、宽度、坡度及承重等数据，提出新观点：木牛有前辕，引进时人或畜在前面拉，还有人在后面推。有车轮架，车身长4尺，宽近3尺。

流马不是四轮车，与木牛大致相同，但没有前辕，进行时不用人拉，仅靠推，车身狭长，车形似马。陈、陆的观点较为接近事实，但总觉有点欠缺。看来木牛流马究竟为何物结论为时尚早。

Shen Qi De Gu Dai Zhen Jiu Ji Shu | 神奇的 古代针灸技术

远古科技名片

名称：针灸
类别：远古医学
证据：医学文献
时间：公元前5世纪
地点：中国

中国针灸医术起源于何时

传说中的神医扁鹊能用针灸治病，千百年来人们对此广有探究。有一个传说：远古时一位打猎的人鼻子上中了一箭，这一刺却治好了猎人长久未愈的头痛病。这个传说看似神奇，但并非毫无道理，这种医术的起源似乎可追溯至石器时代，因为在不同地方的石器时代遗址中，均出土了大量用来戳皮肤的石制尖锐工具。

针灸学在秦汉时期得到了充分的发展。1993年春，在四川省绵阳市永兴镇双包山发掘的2号西汉木椁大墓后室中，出土了一件涂有黑色重漆的小型木质人形，上面有一些针灸的经脉直行路径，但没有文字和经穴位置的标记，只用红色的漆线来表示这些路径，在木色烘托下格外清晰分明。

这是迄今为止在世界上所发现最早的标有经脉流注的木质人体模型。后来在长沙马王堆三号墓出土了帛书《经脉》。书中论述了人体内十一经脉的循行、主病和灸法的古灸经。这

也是有关医学理论基础的经脉学的古文献。

另外，中国古代医学还有一部宝典是《黄帝内经》，它是春秋战国及西汉时期，不少古代医学家的宝贵经验总结，积累了各时代的医学成就。其中介绍九种不同的针，按用途来分，九针可分为大针、长针、毫针、圆针、锋针等类型，各针长短不等。书中编有医治各种病痛和疾病方式的365个穴道，并为之一一命名。

书中指出金针虽然价格昂贵，但因其有刺激身体的功能，所以医治某些疾病格外有效。而银针则有显著的镇静作用。河北汉

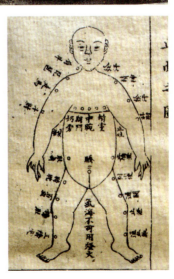

代中山靖王刘胜墓出土有4根金针、5根银针，能识别的有金质毫针、锋针和银质圆针，而有的却残破，不能识别针型。

针灸医术在古代的应用

虽然由皇帝创意实行了各种《黄帝内经》中的医疗方法。但中国历代还有许多帝王，对生理学，特别是对神经系统有浓厚的兴趣。例如，据称1世纪，王莽在医生和御屠协助下曾切开一名敌对者的尸体，用竹签来研究人体神经系统。

无独有偶，1000年后，宋徽宗雇了一个画家，画出经肢解的一名罪犯的人体器官。在徽宗之前，宋仁宗叫工匠打造了一个铜人，铜人身上显示出人体的整个神经系统。这个铜人还用来做医官院学针灸的学生学习和考试的指导实物。

据记载，凡针灸科学生考试，需先在

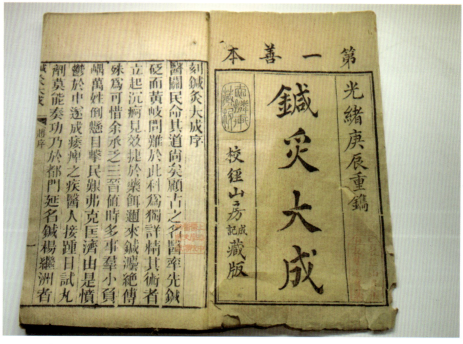

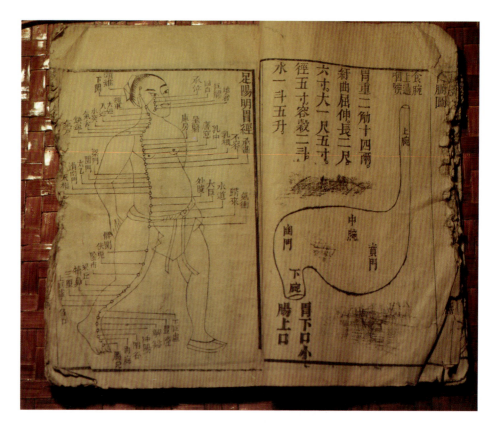

铜人体外涂蜡，把水灌到体内，要求被考查者按指定的穴位进针，下针准确，则蜡破水出，否则就没水出来，这成为检验学生的好手段。

宋仁宗有一次因病昏谜，御医束手无策，最后只好找到一位民间医生来进行针灸。这个医生用针刺进了仁宗脑后一个不知名的穴位，刚一出针，宋仁宗就苏醒过来，睁开双眼，连声称赞"好惺惺！"夸赞医术高明，"惺惺"在当时就是高明的意思，"惺惺穴"这个名字便由此而来。

在古书中，类似这种创新的例子很多。治疗全身麻痹、妇人难产、小儿脐风、腹痛、心口痛、头痛、风湿、五官科等病甚至是起死回生，针灸均能做到。

针灸医术的发明，是中国古代人民对世界医学的贡献，但它究竟为何有这么多功效还须进一步研究。